化学の要点
シリーズ
15

無機化合物の
構造を決める

X線回折の原理を理解する

日本化学会 [編]
井本英夫 [著]

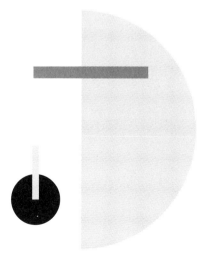

共立出版

『化学の要点シリーズ』編集委員会

編集委員長	井上晴夫	首都大学東京 人工光合成研究センター長・特任教授
編集委員 (50音順)	池田富樹	中央大学 研究開発機構 教授
	伊藤 攻	東北大学名誉教授
	岩澤康裕	電気通信大学 燃料電池イノベーション研究センター長・特任教授 東京大学名誉教授
	上村大輔	神奈川大学特別招聘教授 名古屋大学名誉教授
	佐々木政子	東海大学名誉教授
	高木克彦	公益財団法人 神奈川科学技術アカデミー研究顧問兼有機太陽電池評価プロジェクト プロジェクトリーダー 名古屋大学名誉教授
本書担当編集委員	岩澤康裕	電気通信大学 燃料電池イノベーション研究センター長・特任教授 東京大学名誉教授
	小林昭子	日本大学 文理学部化学科 非常勤講師 文理学部自然研究所 上席研究員 東京大学名誉教授

『化学の要点シリーズ』
発刊に際して

　現在，我が国の大学教育は大きな節目を迎えている．近年の少子化傾向，大学進学率の上昇と連動して，各大学で学生の学力スペクトルが以前に比較して，大きく拡大していることが実感されている．これまでの「化学を専門とする学部学生」を対象にした大学教育の実態も大きく変貌しつつある．自主的な勉学を前提とし「背中を見せる」教育のみに依拠する時代は終焉しつつある．一方で，インターネット等の情報検索手段の普及により，比較的安易に学修すべき内容の一部を入手することが可能でありながらも，その実態は断片的，表層的な理解にとどまってしまい，本人の資質を十分に開花させるきっかけにはなりにくい事例が多くみられる．このような状況で，「適切な教科書」，適切な内容と適切な分量の「読み通せる教科書」が実は渇望されている．学修の志を立て，学問体系のひとつひとつを反芻しながら咀嚼し学術の基礎体力を形成する過程で，教科書の果たす役割はきわめて大きい．

　例えば，それまでは部分的に理解が困難であった概念なども適切な教科書に出会うことによって，目から鱗が落ちるがごとく，急速に全体像を把握することが可能になることが多い．化学教科の中にあるそのような，多くの「要点」を発見，理解することを目的とするのが，本シリーズである．大学教育の現状を踏まえて，「化学を将来専門とする学部学生」を対象に学部教育と大学院教育の連結を踏まえ，徹底的な基礎概念の修得を目指した新しい『化学の要点シリーズ』を刊行する．なお，ここで言う「要点」とは，化学の中で最も重要な概念を指すというよりも，上述のような学修する際の「要点」を意味している．

本シリーズの特徴を下記に示す．
1）科目ごとに，修得のポイントとなる重要な項目・概念などをわかりやすく記述する．
2）「要点」を網羅するのではなく，理解に焦点を当てた記述をする．
3）「内容は高く」，「表現はできるだけやさしく」をモットーとする．
4）高校で必ずしも数式の取り扱いが得意ではなかった学生にも，基本概念の修得が可能となるよう，数式をできるだけ使用せずに解説する．
5）理解を補う「専門用語，具体例，関連する最先端の研究事例」などをコラムで解説し，第一線の研究者群が執筆にあたる．
6）視覚的に理解しやすい図，イラストなどをなるべく多く挿入する．

本シリーズが，読者にとって有意義な教科書となることを期待している．

『化学の要点シリーズ』編集委員会
井上晴夫（委員長）
池田富樹　伊藤　攻　岩澤康裕　上村大輔　佐々木政子　高木克彦

まえがき

　本書は，X線構造解析を理解するための本である．X線構造解析の主要な基礎にフーリエ展開と空間群についての理論があり，多くの化学者にとっては，これらを乗り越えるのが難しい．このため，基礎部分は，とりあえず，こういうものだと詰め込み，実際に構造解析を体験して中身を理解する場合が多いと思う．最初に学んだときには，なぜだろうという疑問がたくさん出てくるのだが，実地に構造解析に携わり，試行錯誤しているうちに，こういうものかと理屈抜きでわかってきて，疑問も感じなくなってくる．

　もし，最初の段階から，もう一段深い部分まで，わかりやすい解説に触れることができれば，見通しよくX線構造解析が学べるのではないか，というのが，本書のねらいである．この「もう一段深く」というところがなかなか難しく，細かな内容に落ち込んだ部分や，逆に粗すぎる部分もあると思われる．読者は，適宜取捨選択して読んでいただきたい．

　X線構造解析の基礎理論を理解したからといって，構造解析を直ちに実行できるわけではない．そのためには，多くの実際的な知識が必要である．幸い，X線構造解析についてのよい指導書がすでに多く出版されているので，本書は，あくまでも理解の部分，基礎の部分に重点を置いた．ただし，無機結晶では大きな問題となりがちな事項については，少し突っ込んだ解説を行った．

　本書は，大きく分けて2つに分かれている．最初の3章は，X線回折の理論である．第1章はX線回折現象全体の把握を目指したので，後の章と重なる部分がある．第2章は，回折条件の説明で，周期的な構造と波数空間（逆格子空間）の関係が最も重要なテーマ

である．第3章は，フーリエ変換を使って構造因子の式の意味を理解することを目標としたため，数式がやや多くなっている．第4章は，結晶構造の対称性についての解説である．多くの教科書では記載が表面的な部分であり，構造解析以外でも役に立つかもしれない．

私自身は，無機合成の分野の人間で，構造解析の専門家ではない．大学院生のときにX線構造解析全般にわたる授業を受講して一通りのことを学び，ポスドク時代から自分で構造解析を経験した．その後，新しい精密化のプログラムを作ったりして，少しずつ，X線構造解析について学んできた．その時々で必要な知識を身につけてきたため，体系的な理解に欠ける部分があり，今回，本書を書くにあたって，学び直し，考え直し，間違いのないように努力したが，不正確な部分が残っているかもしれない．なお，用語は，できるだけ *International Tables for Crystallography* に従うようにしたので，日本の慣用的な用語からずれている部分がある．

X線構造解析の基礎の部分は，内容量が多く，また，いろいろな事項が互いに関係していて，理解しにくい部分が多い．これから構造解析を学ぼうとする人が，本書を読んで，「ああ，そういうことか！」と思うところがあれば，というのが，私の願いである．

約40年前，急遽，X線構造解析を身につけることが必要となったとき，小林昭子先生に手ほどきをうけ，その後も，X線測定・構造解析について多くのことを教えていただいた．心から感謝いたします．また，編集委員の岩澤康裕先生には，細かな点から大きな方向性まで，貴重なご意見をいただき，本書を今の形に完成することができた．ここに感謝申し上げます．

2016年5月

井本英夫

目　次

第1章　結晶とX線 ……………………………………………1

1.1　結晶とX線回折 …………………………………………1
1.2　波としてのX線 …………………………………………6
1.3　結晶にX線が照射されると ……………………………11
　1.3.1　結晶の各点での散乱 ………………………………11
　1.3.2　散乱X線の足し合わせ ……………………………13

第2章　X線回折の幾何学 ……………………………19

2.1　ベクトル …………………………………………………19
2.2　波を数式で表現する ……………………………………24
2.3　X線の回折 ………………………………………………28
2.4　結晶の並進対称性とX線回折 …………………………33
　2.4.1　結晶の並進対称性 …………………………………33
　2.4.2　波数ベクトルの基底 a^*, b^*, c^* ……………………36
　2.4.3　エヴァルト球 ………………………………………41
2.5　結晶面，結晶格子面 ……………………………………44
　2.5.1　ブラッグの回折条件 ………………………………44
　2.5.2　結晶面，結晶格子面 ………………………………46
2.6　座標変換 …………………………………………………50

第3章 構造因子 ······55

3.1 フーリエ変換とフーリエ展開 ······55
3.1.1 構造因子 ······55
3.1.2 1次元のフーリエ展開とフーリエ変換 ······56
3.1.3 1次元フーリエ展開を実際にやってみる ······59

3.2 3次元のフーリエ変換 ······63
3.2.1 基底としての《三角関数》とフーリエ展開 ······63
3.2.2 構造因子の実部と虚部 ······70

3.3 フーリエ変換 ······77
3.3.1 フーリエ級数とフーリエ変換 ······77
3.3.2 フーリエ変換の性質 ······78
3.3.3 ガウス関数のフーリエ変換 ······80

3.4 畳み込み ······82
3.4.1 畳み込み ······82
3.4.2 デルタ関数 ······88

3.5 原子1個のフーリエ変換 ······91
3.5.1 原子散乱因子 ······91
3.5.2 異常分散 ······96

3.6 原子位置のゆらぎ ······98
3.6.1 原子位置のゆらぎを表す関数 ······98
3.6.2 等方的なゆらぎ ······99
3.6.3 異方性のゆらぎ ······102

3.7 X線構造解析の実際 ······106
3.7.1 構造因子のまとめ ······106
3.7.2 X線回折測定のあらまし ······107
3.7.3 準備作業と初期位相決定のあらまし ······109

3.7.4 精密化のあらまし …………………………………110
3.7.5 X線の吸収 …………………………………110

第4章 結晶構造の対称性 …………………………………**117**

4.1 結晶構造における対称操作 …………………………117
4.2 点群対称操作 …………………………………………120
4.2.1 2次元空間の対称要素 ……………………………120
4.2.2 3次元空間の対称要素 ……………………………122
4.2.3 単純な対称要素の組合せ …………………………124
4.3 並進を伴う《対称操作》 ……………………………126
4.3.1 《対称操作》であるための条件 …………………126
4.3.2 並進を伴う《対称操作》 …………………………127
4.3.3 《対称操作》の組合せ ……………………………129
4.4 結晶系——単位胞の形 ………………………………133
4.4.1 結晶系とはどんな分類か …………………………133
4.4.2 2次元,3次元の結晶系 …………………………135
4.5 ブラベーフロック …………………………………140
4.5.1 単純格子と複合格子 ………………………………140
4.5.2 ブラベーフロック …………………………………142
4.5.3 複合格子による消滅則 ……………………………147
4.5.4 複合格子と映進面 …………………………………151
4.6 結晶点群 ………………………………………………154
4.6.1 構造因子の分布の対称性 …………………………154
4.6.2 32結晶点群 …………………………………………158
4.6.3 ラウエクラス ………………………………………164
4.7 空間群 …………………………………………………165

- 4.7.1 空間群記号の解読 ……………………………………165
- 4.7.2 結晶軸の選び方に依存する空間群記号 …………………170
- 4.7.3 《対称操作》と並進対称操作の組合せ …………………172
- 4.7.4 ワイコフ記号と原点選択 …………………………………174
- 4.8 映進面・らせん軸による消滅則 ……………………………………177
- 4.8.1 映進面・らせん軸による消滅則 …………………………177
- 4.8.2 見かけの消滅則 ……………………………………………179
- 4.8.3 回折強度のばらつき ………………………………………180
- 4.9 対称心について ………………………………………………………182
- 4.9.1 対称心のない結晶構造 ……………………………………182
- 4.9.2 中心対称的な構造からの小さなずれ ……………………185

付録 ……………………………………………………………**191**

　　付表　結晶点群，ブラベーフロックで分類した空間群 …191
　　付図　17平面群 ……………………………………195

索　引 …………………………………………………………**198**

第1章

結晶とX線

1.1 結晶とX線回折

　まず，X線が結晶に照射されるとどんな現象が起こるか，そのイメージを書いておこう．X線は目に見えないが，それが見えるとしての話である．まず，結晶を通り抜けるX線がある．吸収されてしまうX線もある．さらに，通り抜ける方向とは異なる方向に放射されるX線がある（図1.1）．このX線は，入射X線と同じ波長をもち，いくつかの方向のごく狭い範囲にビームとして放射される．少しでも結晶の向きを変えるとこのX線は消えてしまい，また別の方向に，X線が放射される．このように，入射したX線とは異なる方向に，入射X線と同じ波長のX線が放射される現象をX線回折[†1]（X-ray diffraction）と呼んでいる．また，回折されたX線を**回折X線**と呼び，その強度や向きを使って，結晶構造解析が行われる．結晶でない物質にX線を照射しても図で示したような現象は起こらず，円錐状にぼんやりしたX線が放射されるだけである．つまりX線回折という現象では，「結晶」であることが重要

---

　†1　回折は，不透明な物質の端を光が通ると，その一部が物質の裏に回り込む現象である．光が等間隔に並んだスリットを通る場合，この現象が重なり合うことにより，光は強弱の縞状のパターンを示し，これも回折という．この後者の意味を引き継いで，X線回折という言葉が使われている．

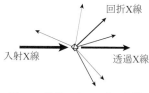

図 1.1　結晶による X 線の回折

である．

　一般用語の「結晶」は，その表面が平面からできている透明な固体物質を指していることが多い．しかし，科学の世界では，「**結晶とは，内部的な原子の配列が，規則的な繰返し構造（周期的な構造）をとっている物質**」として定義されている．実験的な定義としては，X 線を照射すると，鋭い X 線回折が観測される物質が結晶である．

　周期性は，「繰返しの対称性」とも表現できる．対称性については第 4 章で詳しく述べるので，ここでは簡単に説明しておこう．例えば，ベンゼン分子を，分子の中心を通り，分子平面に垂直な軸の回りに 60°回転しても，元とそっくり同じに見える．このように何らかの幾何学的な操作を行っても，対象物が元の状態と全く同じに見える，という幾何学的な性質が対称性である．また，その操作を行っても元と同じに見える操作を**対称操作**（symmetry operation）と呼ぶ．結晶の持つ周期性とは，「ある方向に，ある距離だけ，対象物全体を動かすという操作を行っても，元と同じに見える」とも表現できるから，結晶の「繰返しの対称性」を**並進対称性**（translational symmetry）と呼ぶ．並進対称性を持つ 2 次元のパターンの例を図 1.2 と巻末の付図に示す．

　実在の結晶では，どこかに結晶の端があり，結晶全体を動かせば

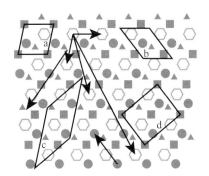

図1.2　並進対称性を持つパターン
矢印は格子ベクトルの例．また，平行四辺形は単位胞の例．単位胞のうちaとbは単純単位胞である．

その端の位置がずれてしまうので，並進対称性は厳密に成り立たない．しかし，X線の回折現象のように結晶内部についての性質が関係する場合は，結晶表面近くの状態はほとんど影響せず，結晶が並進対称性を持つと考えても問題が生じない．あるいは，結晶表面近くの状態が影響を与えないような性質が，結晶本体の性質である，とも言える．

並進対称性に伴う対称操作は，動かす向きと距離によって定められる．向きと距離を表すものはベクトルと呼ばれていて，矢印で表すことができる．結晶の並進対称操作を表すベクトルを，**格子ベクトル**という．任意の2個の格子ベクトルの和も格子ベクトルであり，また，格子ベクトルの整数倍も格子ベクトルである．結晶構造の並進対称性を取り扱うためには，格子ベクトルの中から，同一平面上にない3つのベクトルを**単位胞ベクトル**として選ぶことが必要である．また，単位胞ベクトルを辺とする平行六面体を**単位胞**[†2]（unit cell）と呼ぶ．ここで，平行六面体とは，図1.3に示すように，

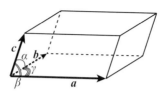

図 1.3　平行六面体
a, *b*, *c* は，図の平行六面体が単位胞である場合の単位胞ベクトル．

各面が平行四辺形の六面体で，直方体を斜めにゆがめた形である．一般的には，単位胞ベクトルは互いに直交していないが，もし，単位胞ベクトルが互いに直交していれば単位胞は直方体となり，さらに，もし，3つの単位胞ベクトルの長さが等しければ，単位胞は立方体となる．

単位胞の取り方は無数にあるが，その体積が最小であるものを**単純単位胞**（primitive cell）と呼び，その辺となっている3つの単位胞ベクトルを本書では**単純単位胞ベクトル**と呼ぶ．単純単位胞の取り方も無数にある．すべての格子ベクトルは，単純単位胞ベクトルの整数倍の和として表すことができる．

結晶構造を考えるためには，単位胞を1つ選ぶことが必要である．単位胞として，単純単位胞を使うのが基本的には便利なのだが，対称性の関係から，単純単位胞ではない立方体や直方体を単位胞として用いることが標準となる場合もある．単純でない単位胞を用いるかどうかは結晶の対称性に関係し，第4章で述べる．それまでは，単位胞として単純単位胞が選ばれているとして話を進めることとする．

結晶中には，単位胞が無数に並んでいるわけだが，これらの単位

---

†2　昔は単位格子と呼ばれたが，現在は，単位胞に統一されつつある．

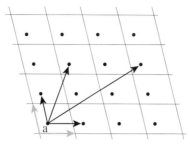

図 1.4　2 次元の結晶格子の説明図
灰色の矢印が単位胞ベクトル，並んでいる平行四辺形が単位胞，小さな黒丸で表した点が格子点，格子点の並びが結晶格子である．格子点を結ぶ矢印がいくつか描かれているが，これらは，すべて格子ベクトルである．

胞の中身はすべてそっくり同じである．別の言い方をすると，図 1.4 に示すように，単位胞の中に任意の点 a をとると，すべての単位胞ごとに，点 a と格子ベクトルで互いに結びつけられる点が 1 点ずつ存在する．2 点が「格子ベクトルで互いに結びつけられる」とは，並進対称操作で互いに移り合うことであり，2 点がそっくり同じ環境にあることを意味する．したがって，互いに「等価である」ともいえる．このように，並進対称操作により等価となる点の配列を **結晶格子**（crystal lattice，または単に lattice），個々の点を **格子点**（lattice point）という．ある原子が格子点に位置していれば，すべての格子点上の原子は同じ環境にあって，X 線に対して同じように振る舞う．このことが，これから考える回折現象の基礎となる．

　以上は，結晶をミクロに見た場合の話であった．このミクロな構造が目に見える大きさまで大きくなった固体，つまり，端から端まで同じ周期構造をとっている固体を **単結晶** という．例えば，水晶で 1 本の六角柱となっている結晶は，通常，単結晶である．

　一辺 10 Å（= 1 nm）の構造単位が繰り返されて 1 辺 0.1 mm（=

10^6 Å)の単結晶を作っているとすれば,構造単位の個数は 10^{15} 個となる.これだけの個数があると,もし,これらの構造単位が同じように応答する現象があれば,その効果は積み重なって巨視的に観測可能となる.これが単結晶によるX線回折であり,10^{15} 個程度の構造単位の積み重なった効果を見ているのである[†3].

単結晶X線構造解析を行うためには,ある程度の大きさの単結晶が必要である.適当な大きさは装置や構成元素に大きく依存するが,0.01〜0.3 mm 程度である.このような大きさの単結晶が得られない場合でも,もっと小さい結晶の集まりとして試料が得られる場合には,粉末X線回折と呼ばれる方法がある.この方法を用いることにより,既知化合物とほぼ同じ構造をとっている場合(同型構造)の場合には,構造の概略が決定できるし,新しい構造の場合でも,決定すべきパラメーターの数が少なければ,構造を決定できる可能性がある.

1.2 波としてのX線

X線は,粒子としての側面(フォトン,光子)も持つが,本書で取り扱う範囲では,もっぱら**波**として振る舞う.X線は,可視光線と同じように電磁波の一種であるが,波長がずっと短い.無機結晶のX線構造解析でよく用いられるX線は MoKα 線と呼ばれるもので,その波長は約 0.7 Å である.これに対し,人間がその形をはっきり識別できる物体の大きさは,0.5 mm 程度であろう.その 0.5 mm の千分の1が緑色の光の波長であり,それよりさらに約1万分

[†3] もし,完全な周期性ではなく,部分的に不完全な周期性を持っている場合には,平均的な効果が単結晶構造解析では観測されることになり,結果として,平均構造しか見えない.これが単結晶構造解析の1つの弱点となっている.

の1が結晶構造解析に普通用いられるX線の波長である．この長さは，結晶の規則的な配列の周期である数オングストロームから数十オングストロームより1桁から2桁短い．

波は，空間的に広がった，数値的に表される量が，時間とともに移動していく現象だが，その量は，多くの場合，目に見えず，非常に理解しにくい．ここでは，その変動する量を w で表そう．典型的な1次元の波は，図1.5に示すように，sin関数で表される量 w が線状に分布していて，これが時間とともに移動していく現象である．このようなsin関数で表されるような波を**正弦波**と呼ぶ．正弦波は，その山と谷の位置に注目すると，波長や動きを理解しやすい．図1.5では，山と谷の位置が時間とともに移動していくありさまを灰色の矢印で示している．

2次元の波では，w の値をグラフでは表せない．そこで，図1.6では w の値を濃淡で表現し，1次元の場合の正弦波に相当する2

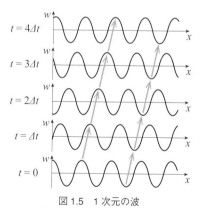

図1.5 1次元の波

時刻 t が0のときから，時間が，Δt, $2\Delta t$, ... と経つにつれて，灰色の矢印で示すように，山の位置も谷の位置も移動していく．

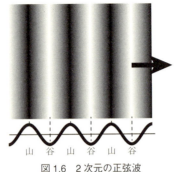

図 1.6 2 次元の正弦波

次元の波を描いている．この図では，色が黒いところほど w の値が大きいとしていて，白い部分は負の値である．2 次元版の正弦波を描いているので，w の値は進行方向に沿って sin 関数で表されるように変化する．2 次元になって初めて現れる特長として，w が一定の値をとる点が進行方向に垂直な直線上に並んでいる，ということがある．特に，波の山となる点や谷となる点の集まりは，進行方向に垂直な，等間隔に並ぶ直線の集まりとなっている．

実際に X 線回折で用いられる X 線は，正弦波の 3 次元版である．3 次元版の波になると濃淡で表すことすらできないので，山と谷の位置だけを示すことにする．2 次元では，波の山や谷は進行方向に垂直な，平行な直線の集まりとなったが，3 次元では，直線ではなく，平面となる．すなわち，3 次元の波では，山や谷は進行方向に垂直な，平行な平面の集まりとなる（図 1.7）．このため，3 次元版の正弦波を**平面波**（plane wave）と呼ぶ．

X 線回折は 3 次元の波の回折現象だが，3 次元の図は描くことも，理解することも難しい．そこで，本書では回折の説明のための図の多くは 2 次元で表現する．1 次元の現象と 2 次元の現象では大きな

1.2 波としてのX線　9

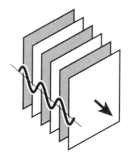

図 1.7　平面波
灰色と白色の面は，それぞれ，波の山と谷の位置を示す．

ギャップがあるが，2次元と3次元の間のギャップは小さい．なお，2次元の場合の正弦波は，波の山や谷は平行な直線となるが，直線波という名前はないので，2次元でも平面波という名前を使うこととする．

　平面波である入射X線が電子にぶつかって散乱されると，散乱された点を中心として，等方的に散乱される．このような波は球面波である．しかし，後で述べるように，周期的な構造を持つ結晶のいろいろな場所で散乱されたX線が足し合わされると，特定の方向だけに進行する波となる．つまり，個々の場所で散乱されるX線は球面波であるが，これらが足し合わされて，特定の方向に進む平面波となる．したがって，本書では，平面波しか考えない．

　実は，X線回折の話では2種類の波が出てくる．1つは，今述べたX線という電磁波で，進行する動的な波である．もう1つは結晶のなかの電子密度分布に含まれている静的な波である．X線結晶構造解析の理論では，最初に，X線の波がいくつかの式を導くために出てくるが，より重要なのは**電子密度分布**の波で，この波の数学的な取り扱いが理論の骨格である．第2章，第3章で詳しく述べ

るが，結晶構造中の電子密度分布は静的な平面波の重ね合わせと見ることがでる．X線回折では，その平面波の波長と向きがX線の回折の起こる方向として，また，平面波の大きさが回折X線の強さとして測定される．

　電子密度分布という3次元的な関数を，平面波，すなわち，3次元版の正弦波の重ね合わせとして見るとは，関数を正弦波の和に分解することである．関数を正弦波の和に分解することを数学の用語で**フーリエ展開**（Fourier expansion）という．つまり，X線回折測定とは，電子密度分布のフーリエ展開の測定である．このため，X線回折の理論は，電子密度分布がどのようにフーリエ展開されるのか，また，電子密度のフーリエ展開が測定により得られたとき，どのように電子密度が求められるか，という部分が基本となる．

　数学的には，フーリエ展開が得られれば，元の関数は正弦波を足し合わせればよいのだから，簡単である．しかし，残念ながら，X線回折の測定では，電子密度のフーリエ展開をして得られる正弦波の方向・大きさは測定できるが，それぞれの正弦波がどこで山となり，どこで谷となっているかが測定できない．後で述べるが，x軸方向の正弦波は$A \sin\{2\pi(-ax+b)\}$という式で表される．X線回折の測定により，Aとaは求められるが，bの値を測定することができない．波の関数の中身の部分，すなわち，$-ax+b$のことを**位相**（phase）と呼ぶため，何らかの方法でbの値を求めるという課題を位相問題と称し，X線構造解析における中心問題となっている．幸いなことに，位相問題は直接法と呼ばれる方法を用いたプログラムの進歩により，高い確率で解けるようになっている．このため，構造解析は，ほとんど自動的に進む場合が多いのだが，無機結晶では，吸収が大きいなど，自動解析プログラムでは処理できない問題を抱えていることが多い．

1.3 結晶にX線が照射されると

1.3.1 結晶の各点での散乱

X線回折を理解する基礎として，X線と結晶がどのように相互作用するかを知る必要がある．

まず第1に，X線が結晶の中で見ているのは電子である．その際，電子は粒子としてではなく，連続的な分布を持った電子密度として振る舞う．つまり，X線は，結晶を「周期性を持った電子密度分布」として見るのである．

2次元で，X線が見ている結晶を表すと，図1.8のように，電子密度の分布が周期性を持って繰り返されている．その周期の単位は平行四辺形であり，これが1.1節で述べた単位胞である．

X線と電子の相互作用を理論的に導くことは量子電磁力学の問題で，とても難しい．しかし，次のような単純でもっともらしい仮定を置くことで観測結果とほとんど一致する計算結果を求めることができる．

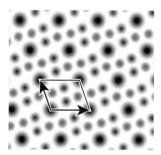

図1.8 結晶中の電子密度分布のモデルと単位胞

(1) X線は,結晶内のあらゆる点で散乱される可能性がある.散乱される確率は,その位置での電子密度の大きさに比例する.
(2) 各点での散乱の方向は等方的である.すなわち,あらゆる方向に等しい確率で起こる.

ここで,「点」と書いているのは,数学的な意味での点ではなく,ごく小さな体積部分で,その中では電子密度が一定と見なされるような範囲である.物理学では,この意味で「微小体積」という言葉を使うが,本書では「点」を「微小体積」という意味でも使う.

さて,(1) と (2) の内容を2次元の模式図で表せば,図1.9のようになる.結晶のあらゆる点で散乱が起こるのだが,図では表現できないので,6ヵ所での散乱を示している.図で表そうとしているのは,各点からあらゆる方向に同じ強さで(=等方的に)散乱が起こることと,その散乱の強さが,その点での電子密度の高さに比例することである.示した点のうち,3ヵ所は最も電子密度の高い点であり,これらの点では同じ強度で散乱している.

図1.9 結晶中の各点でX線が等方的に散乱されることを模式的に表した図
電子密度が高い点ほど強い散乱を生じる.

このように，結晶中のあらゆる場所で，等方的に散乱が起これば，結晶全体としても，あらゆる方向に X 線の散乱が起こるように思える．しかし，実際には，1.1 節で述べたように，ごく限られた方向にだけ，X 線の回折が起こる．これは次の (3) による結果である．

(3) 各点で散乱された X 線は，足し合わされて散乱 X 線となる．

このことから回折現象が生じるのだが，これは次節のテーマである．最後に，次の事項を付け加えておく．

(4) 散乱されるとき，X 線は半波長分[†4]だけ位相がずれる．

ただし，散乱された X 線はすべて，半波長分だけずれるので，結局，ほとんどの現象に大きな影響を及ぼさない．

1.3.2 散乱 X 線の足し合わせ

実験事実としては，1.1 節で述べたように，X 線が結晶に照射されると特定の方向にだけ回折される．これは結晶だから生じることで，非晶質の物質に X 線を照射すると，あらゆる方向に広がった散乱が起こる．周期性があると，ほとんどの方向では，散乱される X 線の強度が 0 となってしまう理由をここで考えよう．

図 1.10 のように，X 線が左方向から結晶に照射されたとしよう．X 線はあらゆる方向に散乱される可能性があるが，その中から右上の方向に散乱される X 線を考えよう．図 1.10 に示すように，散乱

[†4] 散乱によりずれる位相は，厳密には，散乱する原子と X 線の波長に応じて，わずかに異なる（異常分散）．詳しくは，3.5.2 項で述べる．

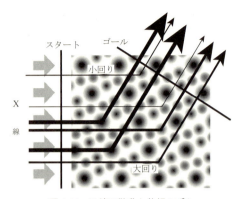

図 1.10 X 線の散乱と位相のずれ
スタートとゴールの間で，経路によって通過する距離が異なり，その結果，位相のずれが生じる．

されてこの方向に散乱される X 線が，スタートラインからゴールラインまでに通過する距離は，散乱される位置によって変わってくる．

X 線の波は，正弦波，つまり，sin 関数として表されるわけだが，$\sin\{2\pi(...)\}$ の $(...)$ の部分，すなわち，位相の部分が，通過した距離に応じて変化する．位相が異なる波を足し合わせると，位相のずれ方によって，強くもなれば弱くもなる．

今，結晶に X 線が照射されたと考えているので，電子密度分布に周期性がある．まず，1 つの方向の周期性を考える．周期性があるとは，格子ベクトルだけ進むと，そっくりの点が出てくるということだから，図 1.11 に示すように，結晶中の任意の点をとると，直線上に等間隔に同じ電子密度の点が並んでいることを意味する．すなわち，1.1 節で述べた格子点という用語を使うと，直線上の格子点での回折を考えるということになる．

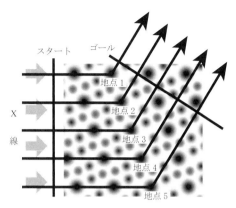

図 1.11　直線上の格子点での X 線の散乱

　図 1.11 でスタートラインからゴールラインまでの距離を，地点 1 で散乱された波を基準として考えよう．地点 2 で散乱された波は，通過距離が長くなる結果，位相が t だけずれるとする．ここで，地点 1 と地点 2 の位置関係を平行にずらすと，地点 2 と地点 3 の位置関係となるので，地点 3 で散乱される波は，地点 2 で散乱される波に比較して，位相が t だけずれるはずである．つまり，地点 1 を基準とすれば位相が $2t$ ずれる．順に考えていけば，地点 2，地点 3，地点 4，地点 5，…で散乱される波は，ゴールラインにおいて，地点 1 で散乱される波より，それぞれ，t，$2t$，$3t$，$4t$，…だけずれていることになる．地点 1 で散乱された波の式が $A\sin(2\pi X)$ であるなら，地点 2, 地点 3, 地点 4, …で散乱される波の式は，$A\sin\{2\pi(X+t)\}$，$A\sin\{2\pi(X+2t)\}$，$A\sin\{2\pi(X+3t)\}$，…となる．これらの波を足し合わせた値 S は，

$S = A\sin(2\pi X) + A\sin\{2\pi(X+t)\} + A\sin\{2\pi(X+2t)\} + ...$

となる.

これは一見複雑な級数であるが,たいていの場合,0となってしまう.それは,図1.12を見ればわかる.級数の各項は,図1.12のように,半径Aの円周上で$2\pi t$ラジアンの間隔で並ぶ点のy座標である.ここでtが分数で表されるとしよう.例えば,tが2/7とすると,$n=0$の点から出発して考えると,図に示すように,8個目で元に戻る.つまり,7を周期として同じ値が繰り返される.1周期分の7個の点の重心は原点にあるから,1周期分の点のy座標を足し合わせた和も0であることがわかる.無限の個数を足し合わせても,7つごとの和が0となるので,どれだけたくさん加えても結果は0である.今は,tが2/7の場合を考えたが,これはどんな分数を考えても同じようになる.tが分数ではなく,無理数となる場合は,数学的に難しい問題になるが,やはり,多くの波を足し合わせていくとその和は0に近づいていく[†5].

このように,1直線上の格子点列で散乱されたX線は,足し合わされると0になってしまう.ただし,1つ例外がある.それは,t

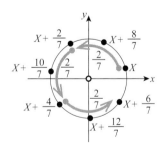

図1.12 級数計算のための図
半径Aの円周上で,点Xから出発して,2/7回転ずつ移動することで点を発生させた.各点のy座標は,$A\sin\{2\pi(X+2n/7)\}$である.

が整数になる場合である．このとき，$\sin\{2\pi(X+nt)\}$ は，n の値にかかわらず，$\sin(2\pi X)$ に等しく，互いに強めあうことになる．

 以上の結果から，位相が一定の値ずつ増加するsin関数の和は，0になるか，各項が同じ値をとって足し合わされるか，どちらかしか起こらない．つまり，中途半端な値をとることはない．このため，X線が結晶中の等間隔に並ぶ点で回折されたとき，互いに強め合うのは，隣り合う点で回折される波の経路が波長の整数倍となるときで，その他の場合は，すべて打ち消しあって強度は0となる．

 3次元の結晶では，独立な3つの方向で周期性がある．そのうちの1つの方向で等間隔に並んだ点による回折では，すべての波が強め合ったとしても，別の方向での周期性での重ね合わせの結果が0になってしまっては，その方向での散乱の強度は0となってしまう．このことから，結晶中で3次元的に周期的に配列しているどの2つの格子点でX線が散乱されても，互いの経路の差が波長の整数倍となることが，回折X線が生じるための必要条件として導かれる．この条件から，入射X線・回折X線の方向と単位胞ベクトルの関係が得られるのだが，そのためにはもう少し幾何学的な準備が必要であり，これは次章のテーマである．

 結晶の周期構造は，特別な方向にX線を選び出し，その方向にだけ散乱したX線を集中させる．このため，小さな結晶による回折X線でも原始的なフィルムを肉眼で見えるまで感光させるような強度を持つことになる．

---

 †5 「整数を $0, 1, 2, 3, \ldots$ と増やしていくと，無理数×整数の小数部は，一様に分布する」という定理（ワイルの均等分布定理）がある．この定理によって，位相が $X+nt$ である点は円周上に均等に分布し，その重心は0に近づく．

第2章

X線回折の幾何学

X線回折の基礎は,「結晶構造が,回折X線の方向・大きさと,いかに結びつくか」を理解することである.第2章では回折X線の方向を,第3章ではその大きさを扱う.回折X線の方向を扱うには,波数ベクトル,すなわち,長さの逆数の次元を持つベクトルを扱う必要があり,これが理解を難しくする部分である.本章では,簡単にベクトルの説明を行い,そのあと,回折X線の方向を説明する2つの見方を紹介する.最後に,結晶の外形を作る面とX線回折の関係を述べる.

2.1 ベクトル

X線回折を定量的に扱うためには,空間の位置や電子密度分布関数のように空間に広がる関数を数式として扱わなければならない.その道具が**ベクトル**である.ここで簡単にまとめておく.

ベクトルは,始点が与えられたとき,終点を与えるものである.空間の中では,方向と長さを表すものであり,矢印として表示できる.本書では,ベクトルを $\boldsymbol{a}$ のようにボールドイタリック体で表す.ベクトルは,それらの間の和と差の演算が可能で,結合則・交換則が成立する.これらの演算は,矢印で表したベクトルでは,図2.1のようになる.また,実数との積(定数倍)も可能で,ベクト

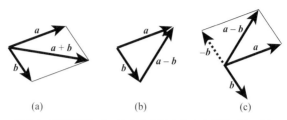

図 2.1 矢印で表したベクトルの和 (a) および差 (b), (c)

ルの和・差の定数倍については分配則が成立する．任意のベクトル a に対して，$a+o=a$ を満たすベクトル o が存在し，これを零ベクトルと呼ぶ．

ベクトルを数値的に表すには，基準となるベクトルを選ぶ必要がある．すべてのベクトルを表すのに最低限必要なベクトルの数が空間の次元となる．ここでは，3次元の空間を考える．3次元空間では，3つの同一平面上にないベクトル e_1, e_2, e_3 を選ぶと，任意のベクトル a を，

$$a = xe_1 + ye_2 + ze_3 \tag{2.1}$$

と表すことができ，x, y, z をベクトル a の成分という．このように，ベクトルを成分で表すために選ばれたベクトルの組 e_1, e_2, e_3 を**基底**と呼ぶ．さらに，空間の1点を原点として定めれば，任意の点の座標を，原点からその点までのベクトルの成分として定義でき，座標系が定められる．また，このようにして空間の位置を定めるベクトルを，**位置ベクトル**という．

以上の性質は，一般的な線形空間（ベクトル空間）の性質であるが，X線回折の理論では，ベクトルの長さが重要となる．ベクトルの長さは，ベクトルの絶対値とも呼ばれ，$|a|$ で表す．ベクト

の長さが定義されると,それに伴って**内積**と呼ばれる演算が導入される.内積は,2 つのベクトルから実数値を与える演算で,本書では,$\boldsymbol{a}\cdot\boldsymbol{b}$ のように「·」という記号で表す.ベクトルの内積は,

(1) 内積とベクトルの和についての分配則
(2) 内積についての交換則
(3) 同じベクトル同士の内積はベクトルの長さの 2 乗

という 3 つの性質を持ち,ベクトルの絶対値から,次のように自動的に定まる.

$$|\boldsymbol{a}-\boldsymbol{b}|^2 = (\boldsymbol{a}-\boldsymbol{b})\cdot(\boldsymbol{a}-\boldsymbol{b}) = |\boldsymbol{a}|^2 - 2\boldsymbol{a}\cdot\boldsymbol{b} + |\boldsymbol{b}|^2$$

よって,

$$\boldsymbol{a}\cdot\boldsymbol{b} = \frac{|\boldsymbol{a}|^2 + |\boldsymbol{b}|^2 - |\boldsymbol{a}-\boldsymbol{b}|^2}{2}$$

この内積の定義と余弦定理(図 2.2)とを用いれば,ベクトル $\boldsymbol{a}$ と $\boldsymbol{b}$ のなす角を θ として,

$$\boldsymbol{a}\cdot\boldsymbol{b} = |\boldsymbol{a}||\boldsymbol{b}|\cos\theta \tag{2.2}$$

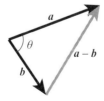

図 2.2 内積と余弦定理
余弦定理は,$|\boldsymbol{a}-\boldsymbol{b}|^2 = |\boldsymbol{a}|^2 + |\boldsymbol{b}|^2 - 2|\boldsymbol{a}||\boldsymbol{b}|\cos\theta$ と表される.

という関係式が得られる．特に，$\theta=90°$，すなわち，$\boldsymbol{a}$ と $\boldsymbol{b}$ が直交するとき，$\boldsymbol{a}\cdot\boldsymbol{b}=0$ となる．

長さ1のベクトルは，**単位ベクトル**と呼ばれる．直交する単位ベクトルを基底とする座標系を**デカルト座標系**と呼ぶ．デカルト座標系では，$\boldsymbol{e}_1\cdot\boldsymbol{e}_1=\boldsymbol{e}_2\cdot\boldsymbol{e}_2=\boldsymbol{e}_3\cdot\boldsymbol{e}_3=1$，$\boldsymbol{e}_1\cdot\boldsymbol{e}_2=\boldsymbol{e}_1\cdot\boldsymbol{e}_3=\boldsymbol{e}_2\cdot\boldsymbol{e}_3=0$ となるので，この座標系で成分を表したベクトルの内積は簡単に計算できる．ただし，X線回折では，図 1.3 に示したように，単位胞ベクトルを基底とすることが多い．この場合，ベクトルの成分から内積を計算する式は，式（2.1）と式（2.2）を用いて導けるが，単位胞ベクトルの長さと基底の間の角度 α，β，γ（図 1.3）の入った長い式となる．

図 2.3 に示すように，単位ベクトル $\boldsymbol{u}$ と任意のベクトル $\boldsymbol{x}$ の内積は，ベクトル $\boldsymbol{x}$ を $\boldsymbol{u}$ 方向の直線に投影した長さを表す．任意のベクトル $\boldsymbol{x}$ を，任意のベクトル $\boldsymbol{a}$（$|\boldsymbol{a}|\neq0$）の方向に投影した長さを求めたい場合には，$\boldsymbol{u}$ の代わりに，単位ベクトルである $\boldsymbol{a}/|\boldsymbol{a}|$ を用いて，$(\boldsymbol{x}\cdot\boldsymbol{a})/|\boldsymbol{a}|$ を計算すればよい．

内積のこの性質を利用して，平面をベクトルの数式で表すことを考えよう．具体的には，図 2.4 に示すように，法線がベクトル $\boldsymbol{n}$ で，

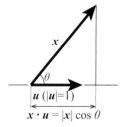

図 2.3　単位ベクトル方向への投影

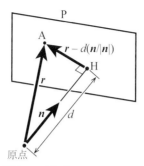

図 2.4 平面 P の方程式のベクトルによる表し方

原点からの距離（原点から平面に下ろした垂線の長さ）が d である平面を考え，その上の任意の点 A の位置ベクトル $\bm{r}$ が満たすべき条件を求めよう．法線 $\bm{n}$ と平面との交点 H の位置ベクトルは $d(\bm{n}/|\bm{n}|)$ となる．H から A へのベクトル $\bm{r}-d(\bm{n}/|\bm{n}|)$ は平面 P 上のベクトルであり，法線 $\bm{n}$ と直交するので，$\bm{n}\cdot\{\bm{r}-d(\bm{n}/|\bm{n}|)\}=0$ である．$\bm{n}\cdot\bm{n}=|\bm{n}|^2$ だから，

$$\bm{n}\cdot\bm{r}=d|\bm{n}| \tag{2.3}$$

となる．逆に，式 (2.3) を満たすベクトル $\bm{r}$ を位置ベクトルとする点を $\bm{n}$ 方向の直線上に投影すると，原点からの距離 d の点に投影されるので，この点は，平面 P 上にある．したがって，式 (2.3) が平面 P の方程式である．$\bm{n}$ は平面の法線であればよく，長さは任意であったが，特殊なやり方として，$|\bm{n}|=1/d$ となるように，$\bm{n}$ の長さを決めるという方法もある．こうすると，平面の方程式は次のように簡単な式になる．

$$\bm{n}\cdot\bm{r}=1 \tag{2.4}$$

ここで，r は平面上の点への位置ベクトル，n は平面の法線であって，かつ，その長さが原点から平面への距離の逆数に等しいベクトルである．

2.2 波を数式で表現する

X線回折は，X線という動的な波と，結晶の電子密度分布という静的な波の相互作用によって生じる現象である．この現象を定量的に扱うために，波を数式として表現しなければならない．

基本となる1次元の単純な**波**（**正弦波**）は，波の量 w が sin, cos の三角関数で表される．振動数 ω，波長 λ の1次元の波は，時間が $1/\omega$ だけ経過すれば元と同じ状態になり，また，距離を λ だけ移動させれば，やはり，元と同じ状態になる．これらの条件を満たす sin 関数は，

$$w = A \sin\left[2\pi\left\{\omega t - \left(\frac{x}{\lambda}\right) + a\right\}\right]$$

または，

$$w = A \sin\left[2\pi\left\{\left(\frac{x}{\lambda}\right) - \omega t + a\right\}\right]$$

のどちらかである．どちらの形を使ってもよいのだが，議論の途中で切り替えることはできない．伝統的に，電磁気学では前者，量子力学では後者を用いている．電磁気学では波の時間的変化に，量子力学では波の空間的変化に注目することが多いことがこのような違いを生んだのであろう．X線構造解析の理論では，電磁気学流の $A \sin[2\pi\{\omega t - (x/\lambda) + a\}]$ を使うのが習慣となっている．おそらく，X線回折の理論が，光学も含む古典的電磁気学を基礎とする回折理論を土台として始まったためであろう．この習慣に従わない

と，他のX線構造解析の教科書と符号が入れ替わる部分が出てきて不便だから，本書でもこれに従う．しかし，この方式は，X線回折の理論で中心的な役割を果たすフーリエ展開・フーリエ変換 (Fourier transform) において，通常の用法とは符号の異なる表現を導き，また，量子力学と結びつけた計算でも混乱を生じやすく，不都合な習慣である．

波に関わる議論で特に重要なのは，波の式の sin 関数の中身の部分で，これを波の**位相**と呼ぶ．具体的には，本書では $\omega t-(x/\lambda)+\alpha$ の部分を位相[†6]と呼ぶこととする．つまり，正弦波は $\sin(2\pi \times$ 位相$)$ となる．このように位相を定義すると，位相の小数部が波の値 w を決定し，整数部は w の値に関係しない．

ここまでは，波長 λ を用いて波の数式を表してきたが，今後の展開においては，その逆数である**波数** k[†7] を使うのが便利である．波数とは，単位長さあたりの波の周期の数という意味である．波数 k を用いると，波の式は $A\sin\{2\pi(\omega t-kx+\alpha)\}$ となる．

以上は，動的な波の話であった．次に，電子密度分布のような静的な波の場合を考えよう．この場合には，時間に依存しないので，ωt の部分がなくなる．X線の場合には波数を k で表したが，これと混乱しないように，電子密度分布の波の波数は p で表すことにすると，電子密度分布の静的な波は，$A\sin\{2\pi(-px+\alpha)\}$ となる．この場合も，電磁気学流の式を用いるため，px の前に負号がつく．

さて，波の回折現象を数学的に表すには，波を表す式を足し合わせることが必要だが，三角関数の足し算は厄介である．それで，三

[†6] 一般には，$2\pi\{\omega t-(x/\lambda)+\alpha\}$，あるいは，これをラジアンから度単位に変換した角度を指す場合が多い．

[†7] 物理学では，波数として $2\pi/\lambda$ を用い，さらに振動数の代わりに角振動数を用いて，波を $A\sin(\omega t-kx+\alpha)$ と表すことが多い．

角関数の代わりに,複素数の指数関数を使う.本書では,指数関数 e^x を $\exp(x)$ と書く.指数関数の根本的な性質は,変数の和の関数が関数の積になること(指数法則),つまり,

$$\exp(x+y) = \exp(x)\ \exp(y) \tag{2.5}$$

という性質である.実は,三角関数も同じような性質を持っている.例えば,

$$\sin(x+y) = \sin(x)\ \cos(y) + \cos(x)\ \sin(y)$$

という公式は,左辺は変数の和の関数であり,右辺は関数の積(の和)となっていて,指数関数的な性質を持っているが,少しねじれた形となっている.指数関数を用いると,素直に変数の和と関数の積の関係が表されるので,ずっと簡単になることが多い.ただし,その代償として複素数を使わなければならないので,見かけ上,式はすっきりするが,難しくなってしまう.

三角関数と指数関数の関係は,次のとおりである.

$$\exp(ix) = \cos(x) + i\sin(x)$$

$$\cos(x) = \frac{\exp(ix) + \exp(-ix)}{2}$$

$$\sin(x) = \frac{\exp(ix) - \exp(-ix)}{2i}$$

ここで,i は虚数単位である.

つまり,複素数の範囲で考えれば,三角関数と指数関数は互いに行き来できる同類の関数である.そこで,本書では,$\sin(x)$, $\cos(x)$, $\exp(ix)$ をまとめて《三角関数》と表すことにする.

指数関数を用いれば,1次元の動的な波は,$A\exp\{2\pi i(\omega t - kx$

$+\alpha)\}$ と表される.この関数は,波の関数だから何らかの物理量を表すはずであるが,複素数となっていて,その意味がわからない.しかし,振幅が A で,位相が $\omega t - kx + \alpha$ の波であることは,明確に表している.動的な波に関する議論の多くは,振幅と位相さえ決まればよく,sin 関数,cos 関数のいずれで考えても同じ結論となる場合がほとんどであり,$A \exp\{2\pi i(\omega t - kx + \alpha)\}$ をそのまま使って議論する.その際,実部(cos 関数)が実際の波を表していると考えるのが普通だが,虚部(sin 関数)が実際の波を表していると考えても同じ結論となる.

一方,静的な波の場合には,山の位置,谷の位置が固定されているので,sin 関数と cos 関数のどちらでもよいということにはならない.したがって,静的な波の場合には,計算途中では複素指数関数を用いるとしても,電子密度分布を表すような最終的な結果では,実数の関数となるように理論が組み立てられている.

次に,X 線などの 3 次元の波に移ろう.第 1 章で述べたように,1 次元での正弦波に相当する 3 次元の波は平面波である.平面波は,進行方向に沿って値を見ると《三角関数》となっているが,進行方向に垂直な面の上では一定の値を持つ関数である(図 1.7).つまり,1 次元の正弦波は波数だけで指定できるのに,平面波では,波数と向きの両方を指定する必要がある.このため,長さが波数で向きが波の進行方向であるベクトル $\boldsymbol{k}$ を使う.このベクトルは**波数ベクトル**と呼ばれる.波数と同じように,波数ベクトルも長さの逆数の次元の単位を持つ.

さらに,波を表す式で,1 次元の場合の位置は座標 x で指定できるのが,3 次元の場合には位置ベクトル $\boldsymbol{r}$ を用いる必要がある.つまり,1 次元の場合の kx という項を,3 次元では,$\boldsymbol{k}$ と $\boldsymbol{r}$ を使った式に修正しなければならない.最も単純な推測は,kx を内積 $\boldsymbol{k} \cdot \boldsymbol{r}$

とすることであるが,実際,これで平面波が表されることを示そう.1.2 節で述べたように,平面波とは,進行方向に波の量 w を見ると《三角関数》で表される変化をし,進行方向に垂直な面上では w は一定の値をとる関数である.

まず,平面波 $A \exp\{2\pi i(\omega t - \boldsymbol{k}\cdot\boldsymbol{r} + \alpha)\}$ が,$\boldsymbol{k}$ に平行で原点を通る直線上でとる値を調べよう.$\boldsymbol{k}$ 方向の単位ベクトルは,$\boldsymbol{k}/|\boldsymbol{k}|$ で表されるから,この直線上の点は $\boldsymbol{r} = x\boldsymbol{k}/|\boldsymbol{k}|$ という位置ベクトルで表される.$\boldsymbol{k}\cdot\boldsymbol{r} = x(\boldsymbol{k}\cdot\boldsymbol{k})/|\boldsymbol{k}| = |\boldsymbol{k}|x$ となるので,波の式は,$A \exp\{2\pi i(\omega t - |\boldsymbol{k}|x + \alpha)\}$ となる.これは,波数が $|\boldsymbol{k}|$ の正弦波を表している.次に,$\boldsymbol{k}$ を法線とする平面上の点での波の値を調べよう.前節で述べたように,$\boldsymbol{k}$ を法線とする平面は,原点から平面までの距離を d として,$\boldsymbol{r}\cdot\boldsymbol{k} = d|\boldsymbol{k}|$ という条件を満たす(式 (2.3)).したがって,この平面上での波の値は,$A \exp\{2\pi i(\omega t - d|\boldsymbol{k}| + \alpha)\}$ となって,$\boldsymbol{r}$ に依存しない.つまり,進行方向 $\boldsymbol{k}$ に垂直な平面上では同じ値をとる.以上のことより,波数ベクトル $\boldsymbol{k}$,振動数 ω の平面波は,$A \exp\{2\pi i(\omega t - \boldsymbol{k}\cdot\boldsymbol{r} + \alpha)\}$ で表されることがわかる.

2.3 X 線の回折

$\boldsymbol{u}_0$ の方向から波長 λ の X 線がやってきて,物質にぶつかったとしよう.ここで,$\boldsymbol{u}_0$ は方向を示すだけの意味だから,長さは 1,すなわち,単位ベクトルであるとする.X 線はあらゆる方向に散乱されるわけだが,散乱される方向として任意の方向を 1 つ選び,その方向の単位ベクトルを $\boldsymbol{u}$ としよう.すなわち,$\boldsymbol{u}_0$ の方向から入射し,$\boldsymbol{u}$ の方向に散乱された X 線について考える.

ここで,原点で散乱された X 線と,位置ベクトルが $\boldsymbol{r}$ の点で散

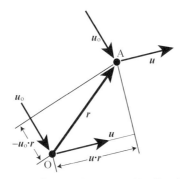

図 2.5 散乱された場所による通過距離の違い
入射方向が u_0 のX線が，原点Oで散乱された場合と位置ベクトル r の点で散乱された場合を比較すると，散乱されるまでの距離が $-u_0 \cdot r$，散乱後の距離が $u \cdot r$ だけ異なっていることがわかる．

乱されたX線とで通る道筋の長さを比べると（図 2.5），原点で散乱されたX線のほうが，$(u-u_0)\cdot r$ だけ距離が長いことがわかる．ここで，原点で散乱されたX線の通る距離を基準にとって考えることにすると，点 r で散乱されたX線は，原点で散乱されたX線より，$-(u-u_0)\cdot r$ だけ長い距離を通る，ということになる．

そこで，$\varDelta u = u - u_0$ とおく．ベクトル $\varDelta u$ は，入射X線が回折によりどれだけ曲げられるかを示すベクトルである．この $\varDelta u$ を用いれば，上の結果は，「点 r で散乱されたX線の通る距離は，原点で散乱されたX線の通る距離に比べて，$-\varDelta u \cdot r$ だけ長い」と表すことができる．ここで，$-\varDelta u \cdot r$ が負となる場合，すなわち，$\varDelta u \cdot r$ が正となる場合は，「$\varDelta u \cdot r$ だけ短い」ことになるが，ここでは，それも含めていると考える．

ここまでは，X線の通過する距離が散乱位置によってどれだけ変化するかを調べてきたが，ここからは，X線の位相が，どれだけ変

化するかを見ていくことになる.そのためには,単位ベクトル $\boldsymbol{u}$, $\boldsymbol{u}_0$ より,これらを波長 λ で割った波数ベクトル $\boldsymbol{k}_0 = \boldsymbol{u}_0/\lambda$, $\boldsymbol{k} = \boldsymbol{u}/\lambda$ を使うのが便利である.ここで,$\boldsymbol{k}_0$, $\boldsymbol{k}$ は,それぞれ,入射X線,散乱X線の波数ベクトルである.さらに,ここで,これからの議論の展開で中心となるベクトル $\boldsymbol{p}$ を導入しよう.このベクトルは,$\boldsymbol{p} = \boldsymbol{k} - \boldsymbol{k}_0$ で定義され,**散乱ベクトル** (scattering vector) と呼ぶ.散乱ベクトルは波数ベクトルの変化量に等しく,$\Delta \boldsymbol{u} = \lambda \boldsymbol{p}$ である.

原点で散乱されたX線は,振動数を ω とすると,振幅を表す部分を除いて,一般的に $\exp\{2\pi i(\omega t - \boldsymbol{k} \cdot \boldsymbol{x} + \alpha)\}$ と表すことができる.点 $\boldsymbol{r}$ で散乱されたX線は,この波より通過した距離が $-\boldsymbol{r} \cdot \Delta \boldsymbol{u}$ だけ長い.ここで採用している波の式では,通過距離が大きくなるほど位相が小さくなるので,$\boldsymbol{r}$ で散乱されたX線の位相は $-(\boldsymbol{r} \cdot \Delta \boldsymbol{u})/\lambda = -\boldsymbol{r} \cdot \boldsymbol{p}$ だけ位相が小さくなる,つまり,$\boldsymbol{r} \cdot \boldsymbol{p}$ だけ位相が大きくなる.散乱ベクトルを使うと,点 $\boldsymbol{r}$ で散乱されたX線は,原点で散乱されたX線より,位相が $\boldsymbol{p} \cdot \boldsymbol{r}$ だけ大きくなると言い換えられるので,散乱後の波の式は,振幅を表す部分を除いて,

$$\exp\{2\pi i(\omega t - \boldsymbol{k} \cdot \boldsymbol{x} + \alpha + \boldsymbol{p} \cdot \boldsymbol{r})\}$$
$$= \exp\{2\pi i(\omega t - \boldsymbol{k} \cdot \boldsymbol{x} + \alpha)\} \exp(2\pi i \boldsymbol{p} \cdot \boldsymbol{r})$$

となる.$\boldsymbol{r}$ で散乱されるX線の振幅は,その点の電子密度 $\rho(\boldsymbol{r})$ に比例するので,次の結論が導かれる.

波数 $\boldsymbol{k}_0$ の入射X線が,点 $\boldsymbol{r}$ で波数 $\boldsymbol{k}$ のX線として散乱されるとき,散乱X線は,

$$w_r(t, \boldsymbol{x}) = w_0(t, \boldsymbol{x}) \rho(\boldsymbol{r}) \exp(2\pi i \boldsymbol{p} \cdot \boldsymbol{r}) \tag{2.6}$$

と表される.ここで,$w_0(t, \boldsymbol{x}) = A \exp\{2\pi i(\omega t - \boldsymbol{k} \cdot \boldsymbol{x} + \alpha)\}$,$\boldsymbol{p} = \boldsymbol{k} - \boldsymbol{k}_0$ であり,$\rho(\boldsymbol{r})$ は点 $\boldsymbol{r}$ における電子密度である.

式 (2.6) は，これからの議論の土台となる式である．そこで，言葉でもその内容を書いておこう．

> 位置ベクトル r の点で散乱されるX線の位相は，原点で散乱されるX線に比べ，$p \cdot r$ だけ増加する．ここで，散乱ベクトル p は，散乱X線の波数ベクトルと入射X線の波数ベクトルの差 $k - k_0$ である．

u と u_0 のなす角を 2θ とすると，図2.6から，$|\Delta u| = 2 \sin \theta$ となるので，$|p|$ と θ の関係は次のようになる．

$$|p| = \frac{2 \sin \theta}{\lambda} \tag{2.7}$$

X線構造解析の分野では，式 (2.7) の θ そのままではなく，その2倍の 2θ の値を使うことが多く，これを**回折角**と呼んでいる．本書でもこの方式を採用する．なお，物体の表面での回折を研究する分野では，図2.7の α_1 を入射角，α_2 を回折角と呼んでいる．このため，本書の $90° - \theta$ に相当する角度を回折角 θ で表している．

特別な場合として，原点を通り p と直交する平面上の点での散乱を考えよう．この平面は，p を法線とし，原点からの距離が0だから，その方程式は $p \cdot r = 0$ と表される（式 (2.3)）．$p \cdot r = 0$ であ

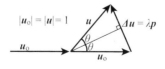

$|\Delta u| = 2|u| \sin \theta = 2 \sin \theta$

図 2.6　回折角 2θ と散乱ベクトル p

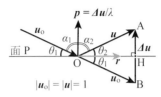

図 2.7　反射の法則
面 P は，$\boldsymbol{p}\cdot\boldsymbol{r}=0$ を満たす点の集まりだから，OH と AB は直交する．また，OA＝OB＝1 だから，直角三角形 OAH と OBH は合同である．よって，$\theta_1=\theta_2$ となり，反射の法則が成立する．ただし，通常，反射の法則は $\alpha_1=\alpha_2$ で表現される．

れば，式 (2.6) から，平面上で散乱された X 線は，すべて原点で散乱される X 線と同じ位相を持ち，互いに強めあう．図 2.7 を見ると，この平面と $\boldsymbol{u}_0$，$\boldsymbol{u}$ は，ちょうど反射の法則が成立する関係にあることがわかる．つまり，入射 X 線と回折 X 線について**反射の法則**が成立するような平面で散乱される X 線はすべて同じ位相を持ち，互いに強め合う．もし，この平面だけで散乱が起こるのであれば，反射の法則が回折の条件を決める．例えば，可視光がよく磨かれた金属表面に照射された場合には，光は金属の中に入り込めないので，散乱は金属表面だけで生じ，反射の法則が成立する[†8]．しかし，結晶に X 線が照射される場合は，X 線は結晶内に入り込むため，結晶内でも散乱が起こり，これらが互いに強め合うことが，回折を起こすためには必要である．

[†8] これは，照射される電磁波の波長が，表面の凹凸に比較して十分長い場合である．X 線を金属表面に照射する場合は，X 線の波長が表面の凹凸より短いので，反射の法則には従わない．

2.4 結晶の並進対称性とX線回折

2.4.1 結晶の並進対称性

1.1節で述べたように,結晶の並進対称操作は無数に存在するが,それぞれ格子ベクトルで表すことができ,さらに,格子ベクトルは,単純単位胞ベクトル $\boldsymbol{a}$, $\boldsymbol{b}$, $\boldsymbol{c}$ の整数倍の和として表すことができる.つまり,結晶の並進対称性を表す基礎が,単位胞ベクトルである.

単位胞ベクトル $\boldsymbol{a}$, $\boldsymbol{b}$, $\boldsymbol{c}$ を定量的に示すために,それぞれの長さを a, b, c とし,$\boldsymbol{b}$ と $\boldsymbol{c}$ の間の角度を α,$\boldsymbol{c}$ と $\boldsymbol{a}$ の間の角度を β,$\boldsymbol{a}$ と $\boldsymbol{b}$ の間の角度を γ で表すのが慣習となっている(図1.3).そして,a, b, c, α, β, γ の6個のパラメーターの組を**格子定数**(cell parameters)と呼ぶ.

1.1節に記したように,単位胞ベクトル $\boldsymbol{a}$, $\boldsymbol{b}$, $\boldsymbol{c}$ を辺とする平行六面体が単位胞であるが,その体積 V は**単位胞体積**と呼ばれ,いろいろな計算で必要となる重要な量である.単位胞が直方体であれば,すなわち,α, β, γ がすべて 90° であれば,単位胞体積 V は,当然,abc となる.しかし,α, β, γ が 90° 以外の場合,すなわち,単位胞がひしゃげられた直方体(平行六面体)の場合には複雑な式となる.a, b, c, α, β, γ から V を計算する一般式を導くことは,X線結晶構造解析の多くの教科書に書かれているので,ここでは結果だけを記すこととする.

$$V = \xi abc$$

ただし,

$$\xi = \sqrt{1 - \cos^2\alpha - \cos^2\beta - \cos^2\gamma + 2\cos\alpha\cos\beta\cos\gamma} \tag{2.8}$$

すなわち，単位胞が直方体の場合に比べ ξ 倍になる．ここで，ξ は $\alpha=\beta=\gamma=90°$ のとき 1 となり，それ以外では，ξ は 1 より小さい．これは，α, β, γ が 90° 以外となるのは，単位胞が押しつぶされて斜めになることと考えれば当然の結果である．

結晶中の位置は，通常，単位胞ベクトルを基底として表される．つまり，結晶中の任意の位置の位置ベクトル $\boldsymbol{r}$ は，$\boldsymbol{r}=x\boldsymbol{a}+y\boldsymbol{b}+z\boldsymbol{c}$ というように，ベクトルの和として表し，この際のベクトルの係数 (x, y, z) を座標として用いる．このような座標系を，本書では**結晶座標系**と呼ぶ．結晶座標系では，座標軸は $\boldsymbol{a}$, $\boldsymbol{b}$, $\boldsymbol{c}$ の方向であり，必ずしも直交していない．また，長さの単位は軸方向に応じて a, b, c であり，必ずしも等しくはない．結晶座標系の座標軸を**結晶軸**[†9]という．

$\boldsymbol{a}$, $\boldsymbol{b}$, $\boldsymbol{c}$ が単純単位胞ベクトルであれば，結晶の並進対称操作を表す格子ベクトルは，整数 m_1, m_2, m_3 を用いて，$m_1\boldsymbol{a}+m_2\boldsymbol{b}+m_3\boldsymbol{c}$ と表すことができる．それゆえ，位置ベクトル $x\boldsymbol{a}+y\boldsymbol{b}+z\boldsymbol{c}$ の点と，それに $m_1\boldsymbol{a}+m_2\boldsymbol{b}+m_3\boldsymbol{c}$ を足し合わせた位置ベクトルの点は，並進対称操作により等価となる[†10]．これを結晶座標で表すなら，点 (x, y, z) と点 $(x+m_1, y+m_2, z+m_3)$ は等価な点であって，A 原子が (x, y, z) にあるといっても，$(x+m_1, y+m_2, z+m_3)$ にあるといっても同じことを意味する．つまり，結晶座標系では，x, y, z の各座標の**小数部**[†11]だけが意味を持つことになる．例えば，$(0.1, 0.2, 0.3)$ という座標は，結晶座標系では，

[†9] 正確には，結晶軸と呼ぶのは，座標軸が結晶の対称性に対応した方向に向いている場合である（4.4.2 項）．

[†10] 結晶では，並進対称以外の対称性も存在するので，並進対称操作以外の対称操作で等価となる点も存在する．しかし，第 4 章までは並進対称操作しか考えないので，本章では，「並進対称操作により等価となる」ことを，単に「等価である」と書く．

$(2.1, 9.2, 4.3)$ や $(-0.9, -2.8, 0.3)$ と同じ意味である。x, y, z を固定して，m_1, m_2, m_3 にあらゆる整数を入れて発生させた点 $(x+m_1, y+m_2, z+m_3)$ の配列が 1.1 節で述べた結晶格子である．

1.3.2 項で，直線上の格子点で回折された X 線が足し合わされると，0 となるか，すべて強めあうかのどちらかになることを述べた．3 次元の結晶格子全体でも同じである．格子点で散乱された X 線がすべて強めあうためには，各格子点で散乱された X 線の位相の小数部がすべて一致することが必要である．言い換えると，各格子点で散乱された X 線の位相差が整数となることが回折の生じる条件である．この条件を前節の結果，すなわち，「点 r で散乱された X 線の位相は，原点で散乱された X 線を基準として，$p \cdot r$ だけ増加する」ことを合わせて考えると，回折が起こるためには，

$$p \cdot r = p \cdot (m_1 a + m_2 b + m_3 c)$$
$$= m_1 p \cdot a + m_2 p \cdot b + m_3 p \cdot c$$

が，すべての整数の組 m_1, m_2, m_3 に対して整数とならなければならない．ここで，$m_1 = 1$, $m_2 = m_3 = 0$ とすれば，$p \cdot r = p \cdot a$ となるので，$p \cdot a$ は整数であることがわかる．同様に，$p \cdot b$, $p \cdot c$ も整数となる．逆に，$p \cdot a$, $p \cdot b$, $p \cdot c$ が整数であれば，$m_1 p \cdot a + m_2 p \cdot b + m_3 p \cdot c$ は整数となる．したがって，回折が生じるための必要十分条件は，次の 3 つの式がすべて満たされることである．

$$p \cdot a = h, \ p \cdot b = k, \ p \cdot c = l \quad (h, k, l \text{ は整数}) \tag{2.9}$$

入射 X 線と結晶の方位に対し，どの方向に X 線が回折されるか

---

†11 座標の値が負数となる場合には，1 から負数の小数部分を引いた値を小数部として考える．例えば，座標が -3.2 なら，正数側と同じ意味を持つ小数部分は 0.8 である．

を回折条件という．式 (2.9) はその条件を与える式であり，**ラウエ（Laue）の回折条件**という．回折条件は，これ以外の表現方法もあり，2.4.2 項では実用性は高いが抽象的な回折条件を，2.5.1 項では幾何学的なイメージを持った回折条件を導く．

2.4.2 波数ベクトルの基底 a^*, b^*, c^*

前項で述べたラウエの回折条件を使って散乱ベクトル p を計算しようとすると，座標系を導入し，連立方程式を解く必要がある．もっと簡単に p を求めるために，できるだけ便利な基底を使って p を表現することを考えよう．その基底として a, b, c がまず思い浮かぶが，実際にやってみると計算が非常に面倒になる．実は，計算が非常に簡単になる基底が存在する．ここでは，そのような便利な基底を，とりあえず a^*, b^*, c^* という記号で表すこととしよう．この基底と実数 x, y, z を用いて，散乱ベクトル p は $p = xa^* + yb^* + zc^*$ と表される，と考えるのである．この式を，ラウエの条件に代入すると，次の3つの式が得られる．

$$x(a^* \cdot a) + y(b^* \cdot a) + z(c^* \cdot a) = h$$
$$x(a^* \cdot b) + y(b^* \cdot b) + z(c^* \cdot b) = k$$
$$x(a^* \cdot c) + y(b^* \cdot c) + z(c^* \cdot c) = l$$

今，もし，次の式 (2.10) を満たすベクトルとして a^*, b^*, c^* を定義することができれば，$x = h$, $y = k$, $x = z$ となり，散乱ベクトルも $p = ha^* + kb^* + lc^*$ と簡単に表される．

a^*の定義：$a \cdot a^* = 1$, $b \cdot a^* = 0$, $c \cdot a^* = 0$
b^*の定義：$a \cdot b^* = 0$, $b \cdot b^* = 1$, $c \cdot b^* = 0$ (2.10) [†12]
c^*の定義：$a \cdot c^* = 0$, $b \cdot c^* = 0$, $c \cdot c^* = 1$

問題は,このような条件を満たす基底 a^*, b^*, c^* が存在するかどうかである.その存在を示すために,**ベクトル積**と呼ばれる演算を導入しよう.ベクトル a とベクトル b のベクトル積は $a \times b$ で表され,その演算の結果は,ベクトル a とベクトル b を 2 辺とする平行四辺形を P として,次のように定義されるベクトルである.

・長さは,P の面積に等しい.
・方向は,P の法線方向である.したがって,a, b とは直交する.
・P の法線のどちら向きかは次のように定める.ベクトル a を右手親指の方向,ベクトル b を人差し指の方向とするとき,$a \times b$ は中指の指す向きである.つまり,通常の右手型の座標軸をとると,a が x 軸方向,b が y 軸方向なら,$a \times b$ は z 軸方向である.

この定義から,ベクトル積では $b \times a = -a \times b$ となり,普通の演算とは異なる性質を持つ.ただし,分配法則 $a \times (b+c) = a \times b + a \times c$ は成立する.

ベクトル積を用いて,ベクトル a^*, b^*, c^* を次のように定義しよう.

$$a^* = \frac{b \times c}{V}, \ b^* = \frac{c \times a}{V}, \ c^* = \frac{a \times b}{V} \tag{2.11}$$

ここで,V は単位胞の体積である.

このようにして定義された a^*, b^*, c^* が式 (2.10) を満たすことは次のようにして示される.まず,a^* は,$b \times c$ と平行だから,ベクトル積の定義より,b, c とは直交し,$b \cdot a^* = c \cdot a^* = 0$ である.また,$h = (b \times c)/|b \times c|$ とおけば,h は,b と c を 2 辺とする平

---

†12 物理学では,位相をラジアン単位で表すため,1 となっているところが 2π となる.

行四辺形に垂直な単位ベクトルである．図2.8より，$\boldsymbol{a}\cdot\boldsymbol{h}$ は単位胞の高さとなり，底面の平行四辺形の面積 $|\boldsymbol{b}\times\boldsymbol{c}|$ と掛け合わせると単位胞体積 V に等しくなるから，$|\boldsymbol{b}\times\boldsymbol{c}|(\boldsymbol{a}\cdot\boldsymbol{h})=V$ である．また，$\boldsymbol{a}^*$ は，単位ベクトル $\boldsymbol{h}$ にその長さ $|\boldsymbol{b}\times\boldsymbol{c}|/V$ を掛けたベクトルだから，$\boldsymbol{a}\cdot\boldsymbol{a}^*=\boldsymbol{a}\cdot\{(|\boldsymbol{b}\times\boldsymbol{c}|/V)\boldsymbol{h}\}=\{|\boldsymbol{b}\times\boldsymbol{c}|(\boldsymbol{a}\cdot\boldsymbol{h})\}/V=1$ となる．これで，式 (2.10) の1行目の3つの式が満たされることが示された．同様にして，2行目，3行目の式を導くことができるので，式 (2.11) によって $\boldsymbol{a}^*$，$\boldsymbol{b}^*$，$\boldsymbol{c}^*$ を定義すれば，式 (2.10) が満たされることがわかる．式 (2.11)（または式 (2.10)）で定義される $\boldsymbol{a}^*$，$\boldsymbol{b}^*$，$\boldsymbol{c}^*$ を，本書では，**逆格子基底ベクトル**と呼ぶ．

以上の結果は次のようにまとめられる．

式 (2.11) によって逆格子基底ベクトル $\boldsymbol{a}^*$，$\boldsymbol{b}^*$，$\boldsymbol{c}^*$ を定義すると，回折が生じる条件は，$\boldsymbol{p}$ を散乱ベクトル，h，k，l を整数として，

$$\boldsymbol{p}=h\boldsymbol{a}^*+k\boldsymbol{b}^*+l\boldsymbol{c}^* \tag{2.12}$$

である．

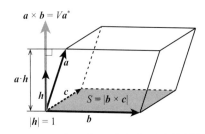

図2.8　$\boldsymbol{a}\cdot(\boldsymbol{b}\times\boldsymbol{c})=V$ となることを示す図

S は，灰色に塗りつぶした平行四辺形の面積．$\boldsymbol{h}\cdot\boldsymbol{a}$ が $\boldsymbol{a}$ を単位ベクトル $\boldsymbol{h}$ に投影した長さとなることは，図2.3を参照．

式(2.12)は，回折の条件を表す一番便利な式であるが，名前はついていない．この式の左辺の散乱ベクトル $\boldsymbol{p}$ は，もともと $\boldsymbol{k}-\boldsymbol{k}_0$ として定義された．$\boldsymbol{k}$ と $\boldsymbol{k}_0$ は，それぞれ，散乱X線の波数ベクトルと入射X線の波数ベクトルで，長さの逆数の次元を持つ．一方，右辺の $\boldsymbol{a}^*$，$\boldsymbol{b}^*$，$\boldsymbol{c}^*$ は，式(2.10)で定義されており，長さの次元を持つベクトルとの積が無次元の1となっているのだから，やはり波数の単位を持っている．したがって，式(2.12)は，長さの逆数の次元を持つ空間における関係式となっている．

逆格子基底ベクトルを基底とする空間を本書では**波数空間**と呼ぶこととする．ただし，X線回折の分野では，この空間を逆格子空間(reciprocal space)と呼ぶことが多い．波数空間での長さは通常の長さの逆数となっていると考えると非常にわかりにくいが，単位長さあたりの波の揺れの数と考えると，少しわかりやすくなる．つまり，原点近くの点は，ゆったりした波を，原点から離れた点は，細かく振動する波を表していて，波数空間は個々の平面波を点で表した空間と考えればよい．第3章の結果を先取りすると，X線回折における波数空間は，電子密度分布に含まれる静的な平面波を表している．結晶中では，逆格子基底ベクトルの整数倍の和となる点に対応した平面波しか存在しておらず，散乱ベクトル $\boldsymbol{p}$ がこれに一致するときだけしか回折が生じない，というのが回折条件である．

X線回折の理論では，長さの次元を持つ普通の空間を実空間と呼ぶ．実空間のベクトルと波数空間のベクトルの内積は無次元量となる．実空間と波数空間は対をつくっており，数学的には双対空間と呼ばれている．

式(2.12)は，逆格子基底ベクトル $\boldsymbol{a}^*$，$\boldsymbol{b}^*$，$\boldsymbol{c}^*$ を基底として波数空間のベクトル $\boldsymbol{p}$ を表していると見れば，(h, k, l) は波数空間で $\boldsymbol{a}^*$，$\boldsymbol{b}^*$，$\boldsymbol{c}^*$ を基底とする座標系での座標であり，座標値がす

べて整数の点を表している．この整数の座標 (h, k, l) は，回折を表す記号として用いられ，**回折の指数**（diffraction indices）と呼ぶ．回折の指数は，通常，hkl のように括弧なし，コンマなしで表し，負数は上に横棒を引く．例えば，波数空間の点 $(1, 2, -3)$ に対応する回折は，指数 $12\bar{3}$ で表す．

逆格子基底ベクトルの長さや角度と，格子定数の関係を記しておこう．通常，$\boldsymbol{a}^*$，$\boldsymbol{b}^*$，$\boldsymbol{c}^*$の長さを a^*，b^*，c^*で，$\boldsymbol{b}^*$と$\boldsymbol{c}^*$のなす角を α^*，$\boldsymbol{c}^*$と$\boldsymbol{a}^*$のなす角を β^*，$\boldsymbol{a}^*$と$\boldsymbol{b}^*$のなす角を γ^*で表し，これらを**逆格子定数**（reciprocal cell parameters）と呼ぶ．格子定数と逆格子定数の関係は次の通りである．

$$a^* = \frac{\sin \alpha}{\xi a}, \quad b^* = \frac{\sin \beta}{\xi b}, \quad c^* = \frac{\sin \gamma}{\xi c}$$

$$\cos \alpha^* = \frac{\cos \beta \cos \gamma - \cos \alpha}{\sin \beta \sin \gamma}, \quad \cos \beta^* = \frac{\cos \gamma \cos \alpha - \cos \beta}{\sin \gamma \sin \alpha},$$

$$\cos \gamma^* = \frac{\cos \alpha \cos \beta - \cos \gamma}{\sin \alpha \sin \beta}$$

ただし，

$$\xi = \sqrt{1 - \cos^2 \alpha - \cos^2 \beta - \cos^2 \gamma + 2 \cos \alpha \cos \beta \cos \gamma}$$

（ξ については，式（2.8）と同じ）

また，$\boldsymbol{a}^*$，$\boldsymbol{b}^*$，$\boldsymbol{c}^*$を辺とする平行六面体の体積を**逆格子体積**と呼び，記号 V^* で表す習慣となっている．逆格子体積は，単位胞体積 V と逆数関係にある．すなわち，

$$V^* = \frac{1}{V} \tag{2.13}$$

である．逆格子体積は"体積"とは言うものの，体積の次元の物理量ではなく，体積の逆数の次元を持つ．

回折角 2θ は，測定上重要な値であるが，式 (2.7) にあるように，散乱ベクトルの絶対値 $|\boldsymbol{p}|$ から計算される．その $|\boldsymbol{p}|$ は，次の式を用いて逆格子定数と h, k, l から計算できる．

$$|\boldsymbol{p}|^2 = |h\boldsymbol{a}^* + k\boldsymbol{b}^* + l\boldsymbol{c}^*|^2$$

$$= (h\boldsymbol{a}^* + k\boldsymbol{b}^* + l\boldsymbol{c}^*) \cdot (h\boldsymbol{a}^* + k\boldsymbol{b}^* + l\boldsymbol{c}^*)$$

$$= h^2 a^{*2} + k^2 b^{*2} + l^2 c^{*2}$$

$$+ 2(hka^*b^*\cos\gamma^* + klb^*c^*\cos\alpha^* + lac^*a^*\cos\beta^*) \quad (2.14)$$

2.4.3 エヴァルト球

式 (2.12) の右辺の $h\boldsymbol{a}^* + k\boldsymbol{b}^* + l\boldsymbol{c}^*$ は，h, k, l が整数であることから，実空間の格子点と同じように，波数空間で等間隔に並ぶ点列を示している．ここでは，これらの点を**逆格子点**と呼ぼう．ベクトル $\boldsymbol{p}$ の始点を原点におくならば，その終点が，逆格子点のいずれかに一致することが，回折が生じるための条件であることを式 (2.12) は示している．この条件を図で表してみよう．

まず，波数空間で半径 $1/\lambda$ の球を考える．この球は，その考え方の創始者の名前に因んで**エヴァルト** (Ewald) **球**と呼ばれている．入射 X 線の波数ベクトル $\boldsymbol{k}_0$ と回折 X 線の波数ベクトル $\boldsymbol{k}$ は長さが $1/\lambda$ のベクトルであり，$\boldsymbol{k}_0$ と $\boldsymbol{k}$ の始点をエヴァルト球の中心に置くと，これらのベクトルの終点はエヴァルト球面上にある．$\boldsymbol{p} = \boldsymbol{k} - \boldsymbol{k}_0$ の関係があるから，$\boldsymbol{k}_0$ の終点を O として，ここに $\boldsymbol{p}$ の始点を置けば，$\boldsymbol{p}$ の終点は $\boldsymbol{k}$ の終点と一致する (図 2.9)．

さて，式 (2.12) の回折条件は，$\boldsymbol{p}$ を波数空間での位置ベクトル

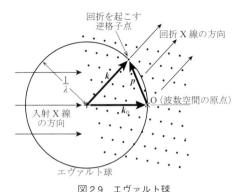

図 2.9　エヴァルト球
3次元的な球であるが，中心を通る面上の部分だけを描いている．

として見たとき，p と逆格子点が一致することであった．これを理解するために，点 O を原点として，逆格子点の配列を考える．逆格子点の配列は，結晶の向きに応じていろいろな方向を向くが，いずれかの逆格子点がちょうどエヴァルト球面上に来たときに，回折条件が満たされることになる．このとき，回折が生じ，その回折 X 線の方向は，エヴァルト球の中心からエヴァルト球面上にある逆格子点へのベクトルの方向である．

このエヴァルト球の考え方のポイントは，まず，波数空間で考えていること，もう 1 つは，回折 X 線の波数ベクトル k の始点を，逆格子点の原点から $-k_0$ だけずらすという特殊な考え方をすること，である．

エヴァルト球を使うと，観測できる回折に限りがあることが直感的にわかる．回折が生じるためには，逆格子点がエヴァルト球にぶつかることが必要である．しかし，原点 O からエヴァルト球の直径（$=2/\lambda$）以上の距離にある逆格子点は，逆格子の座標系をどの

ように回転してみてもエヴァルト球とぶつかることはないので，それに対応する回折は生じ得ない．すなわち，回折が観測されるためには，次の条件が必要となる．

$$|\boldsymbol{p}| = |h\boldsymbol{a}^* + k\boldsymbol{b}^* + l\boldsymbol{c}^*| < 2/\lambda \tag{2.15}$$

$|\boldsymbol{p}| = 2/\lambda$ となるのは，回折角が 180° となる場合，つまり，回折 X 線がちょうど逆方向に戻ってくる場合である．このような場合には，X 線源と X 線測定器を同じ方向に置かねばならず，通常の測定装置では実行できない．

式 (2.15) は，観測可能な回折は，波数空間で考えて，半径 $2/\lambda$ の球の中にある逆格子点であることを示している．逆格子点は，逆格子体積あたりに 1 個存在するので，半径 $2/\lambda$ の球の体積を逆格子体積（$=1/V$）で割った数が，原理的に観測可能な回折数の概数である．式 (2.13) の関係を使えば，次のようになる．

$$\text{原理的に観測可能な回折数（概数）} = \frac{32\pi}{3\lambda^3} V$$

ここで，V は単位胞体積である．

実際に観測する回折数は，装置上の問題や，測定時間の問題のため，これよりずっと少ない数である．回折角 2θ が $2\theta_{\text{Max}}$ までの回折をすべて測定すると，式 (2.7) より，$|\boldsymbol{p}|$ が $2\sin\theta_{\text{Max}}/\lambda$ 以下の回折を測定することになる．この場合，その概数は，

$$2\theta \text{ が } 2\theta_{\text{Max}} \text{ 以下の回折の概数} = \frac{32\pi}{3}\left(\frac{\sin\theta_{\text{Max}}}{\lambda}\right)^3 V$$

となる．

2.5 結晶面,結晶格子面

2.5.1 ブラッグの回折条件

2.3節で,反射の法則を満たすように配置された平面状の物体で散乱されたX線は同じ位相を持つことを導いた.Braggは,結晶格子を平行な平面の集まりと考えて,各面で反射の法則が成立することと,各面で反射されたX線の位相がちょうど強め合う条件として,回折条件を説明した.この考え方は,一見,わかりやすそうな説明となるため,入門者向けに伝統的に使われてきている.

Braggの考え方では,3次元的な格子点の配列を,等間隔に平行に並んだ平面に分けて考えるので,このような平面に名前を付けておく必要がある.この平面は結晶面と呼ばれることが多いのだが,後で述べるように紛らわしい点があるので,本書では**結晶格子面**と呼ぶこととする.

さて,回折が生じるための第1の条件は,結晶格子面が反射の法則の条件を満たすことで,これは2.3節の結果から,散乱ベクトル$\boldsymbol{p}$と結晶格子面が垂直であればよい.結晶格子面を構成する面は互いに平行だから,この条件は,原点を通る結晶格子面が方程式$\boldsymbol{p}\cdot\boldsymbol{r}=0$を満たす,ということと同じである.

第2の条件は,すべての結晶格子面間で散乱されるX線の位相差が整数となることである.これは,隣り合う結晶格子面で散乱されるX線の位相差が整数となることと言い換えられる.

図2.10に示すように,平行に並ぶ結晶格子面の間隔を面間隔と呼び,dで表す.これらの結晶格子面のいずれかの上に原点を置き,その隣の結晶格子面に注目すると,この結晶格子面は,原点から距離dだけ離れていて,散乱ベクトル$\boldsymbol{p}$に垂直であるから,式(2.3)を用いれば,この結晶格子面の方程式は$\boldsymbol{r}\cdot\boldsymbol{p}=d|\boldsymbol{p}|$である.

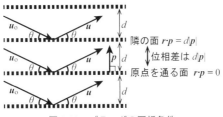

図2.10 ブラッグの回折条件

この方程式の左辺は、原点で散乱される X 線と点 r で散乱される X 線の位相の差に等しいので (2.3節)、これが整数となることが、隣り合う面で散乱された X 線が強め合うための条件である。したがって、$d|\boldsymbol{p}|=n$ (n は整数) が回折条件となる。式 (2.7) より $|\boldsymbol{p}|=2\sin(\theta)/\lambda$ であるから、この条件は、$2d\sin\theta=n\lambda$ と書き直すことができる。

以上をまとめたものが、**ブラッグの回折条件**と呼ばれている。

(1) 格子点は、等しい間隔 d で平行に並ぶ結晶格子面を構成していると考える。
(2) 回折が生じるためには、次の2つの条件をともに満たすことが必要である。
   i) 結晶格子面と入射 X 線と反射 X 線の位置関係が、反射の法則を満たすこと。
   ii) 回折角 2θ が、$2d\sin\theta=n\lambda$ (**ブラッグの式**) という条件を満たすこと。ここで、n は整数であり、その回折を n 次の回折と呼ぶ。

2.5.2 結晶面,結晶格子面

前項では,結晶格子面という考え方で,ブラッグの回折条件を導いたが,結晶格子面の向きや面間隔 d と結晶格子の関係については,何も述べていない.ここで,2.4 節の回折条件と合わせて考えることで,結晶格子面の実体を調べてみよう.ここでは 2.4 節の見方を逆格子視点,前項の見方をブラッグ視点と呼ぶこととする.

ブラッグ視点での回折条件の (2) の i) は,結晶格子面が $\boldsymbol{p}$ に垂直であることであった.したがって,結晶格子面とは,$\boldsymbol{p} = h\boldsymbol{a}^* + k\boldsymbol{b}^* + l\boldsymbol{c}^*$ を法線とする面であることがわかる.これで結晶格子面の向きは決定される.

ブラッグ視点での (2) の ii) は,面間隔 d が $2d\sin\theta = n\lambda$ (ブラッグの式) を満たすことである.ブラッグ視点では,1種類の平行な結晶格子面の集まりから,n の値に応じて,いろいろな回折が生じる (n 次の回折).

一方,逆格子視点では,1つの逆格子点に対応して1つの回折が生じる.しかし,$h\boldsymbol{a}^* + k\boldsymbol{b}^* + l\boldsymbol{c}^*$ と $(2h)\boldsymbol{a}^* + (2k)\boldsymbol{b}^* + (2l)\boldsymbol{c}^*$ が平行であることからわかるように,ベクトル $h\boldsymbol{a}^* + k\boldsymbol{b}^* + l\boldsymbol{c}^*$ と平行なベクトル $h'\boldsymbol{a}^* + k'\boldsymbol{b}^* + l'\boldsymbol{c}^*$ は無数に存在する.これらの平行なベクトルのなかで,最も長さが短いベクトルは,h, k, l が互いに素である場合,すなわち,h, k, l の最大公約数が1の場合である.このような h, k, l を h_0, k_0, l_0 とすれば,$n(h_0\boldsymbol{a}^* + k_0\boldsymbol{b}^* + l_0\boldsymbol{c}^*)$ が平行な $h\boldsymbol{a}^* + k\boldsymbol{b}^* + l\boldsymbol{c}^*$ をすべて表す.したがって,逆格子視点での回折条件は,$\boldsymbol{p} = n(h_0\boldsymbol{a}^* + k_0\boldsymbol{b}^* + l_0\boldsymbol{c}^*)$ (h_0, k_0, l_0 は互いに素) とも書くことができる.この両辺の絶対値をとり,$|\boldsymbol{p}| = 1/\lambda$ を代入すれば,$n\lambda|h_0\boldsymbol{a}^* + k_0\boldsymbol{b}^* + l_0\boldsymbol{c}^*| = 1$ となる.これが,ブラッグ視点の回折条件 (ブラッグの式) と一致するはずだから,回折を引き起こす平行な結晶格子面の間隔 d は,$1/|h_0\boldsymbol{a}^* + k_0\boldsymbol{b}^* + l_0\boldsymbol{c}^*|$ に等

しいことがわかる.

上で述べたことと合わせると，次の結論が得られる.

回折を引き起こす結晶格子面は，$h_o\boldsymbol{a}^* + k_o\boldsymbol{b}^* + l_o\boldsymbol{c}^*$ に垂直で，面間隔 d は $1/|h_o\boldsymbol{a}^* + k_o\boldsymbol{b}^* + l_o\boldsymbol{c}^*|$ に等しい.

ここで注意すべきことは，結晶格子面と逆格子点とは1対1に対応していない点である（図2.11）．逆格子点のうち，その指数が互いに素のものだけが結晶格子面と対応している．このため，$h=2, k=4, l=6$ という逆格子点に対応する結晶格子面はない．この逆格子点に対応する回折246は，ブラッグ流の考え方では，$h_o=1, k_o=2, l_o=3$ で表される結晶格子面の集まりによる2次の回折である.

結晶格子面は，逆格子点の座標 (h, k, l) が互いに素であるよ

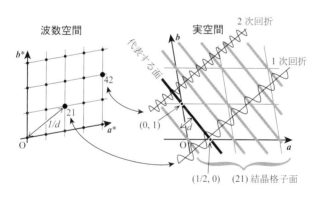

逆格子視点　　　　　　　　　　　**ブラッグ視点**

図2.11　逆格子視点とブラッグ視点の対応

回折21（$h=2, k=1$）と42を示している．$\boldsymbol{a}$ と $\boldsymbol{b}^*$，および，$\boldsymbol{b}$ と $\boldsymbol{a}^*$ が直交する．逆格子視点のOから逆格子点21へのベクトルが，ブラッグ視点の結晶格子面の法線となる．ブラッグ視点で描いてある正弦波はX線の波ではなく，回折を引き起こす電子密度分布に含まれる波である（第3章）.

うな h_o, k_o, l_o の組で表され，その指数は $(h_o k_o l_o)$ のように括弧を付けて表すのが普通である．この場合，結晶格子面とは，等間隔に並ぶ面の集合の全体として考える．この中で，原点を通る面の隣の面は，原点からの距離が $1/|h_o \boldsymbol{a}^* + k_o \boldsymbol{b}^* + l_o \boldsymbol{c}^*|$ であるので，長さがその逆数に等しいベクトル $h_o \boldsymbol{a}^* + k_o \boldsymbol{b}^* + l_o \boldsymbol{c}^*$ を用いれば，式 (2.4) より，この面の方程式は $(h_o \boldsymbol{a}^* + k_o \boldsymbol{b}^* + l_o \boldsymbol{c}^*) \cdot \boldsymbol{r} = 1$ で表される．この方程式は，結晶格子面を代表する平面の方程式と考えることができる．この結晶格子面の a 軸切片，すなわち，単位胞ベクトル $\boldsymbol{a}$ との交点を求めてみよう．交点の位置ベクトルを $x\boldsymbol{a}$ とすれば，$(h_o \boldsymbol{a}^* + k_o \boldsymbol{b}^* + l_o \boldsymbol{c}^*) \cdot (x\boldsymbol{a}) = 1$ であるから，式 (2.10) を用いて，$h_o x = 1$ となる．これより，$x = 1/h_o$．他の軸についても同じように考えられるから，次の結論が導かれる．

指数 $(h_o k_o l_o)$ の平行な結晶格子面のうち，原点を通る面の隣の面は，結晶軸と $\boldsymbol{a}/h_o$, $\boldsymbol{b}/k_o$, $\boldsymbol{c}/l_o$ の点で交わる．結晶座標で表せば，この面は，$(1/h, 0, 0)$, $(0, 1/k, 0)$, $(0, 0, 1/l)$ の3点を通る平面である．2次元での例を図2.11に示した．

このように指数で結晶格子面を表す方法は，古典的な結晶学の成果を流用したものである．結晶学では，結晶を取り囲む面のことを**結晶面**と呼び，その方向の関係を研究した結果，結晶構造がわからない時代から，結晶面に整数の指数（**ミラー指数**）を付けることが可能であることを見出していた（図2.12）．この場合の指数は，向きを示すだけであって，原点からの距離は別に指定する必要がある．ミラー指数は，現在でも結晶の外形を示すために用いられ，例えば，X線の吸収による効果を補正するために結晶の外形を指定するのに結晶面のミラー指数と原点からの距離を指定する方法が使われている．結晶面 (hkl) は，結晶軸と $\boldsymbol{a}/h$, $\boldsymbol{b}/k$, $\boldsymbol{c}/l$ の点で交わる面と平行な面であり，指数 h, k, l は，互いに素である整数の

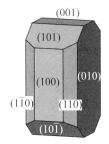

図2.12 結晶面とそのミラー指数の例

組が用いられる．

結晶格子面という考え方には，曖昧な点が2つある．1つは，裏側の面の問題で，結晶格子面 (hkl) と ($\bar{h}\,\bar{k}\,\bar{l}$)（指数が $-h$, $-k$, $-l$ の面）は同じと考えるか，別物と考えるかという点である．結晶面の場合には，これらの指数は正側と負側の面を表すと考えるので，平行だが異なっていると考える．実際，対称性のない結晶であれば，正側の面と負側の面では，化学的な性質が異なってくる．結晶格子面の場合には，どちらも同じ平行な平面の集合を指すので同じとも考えられる．しかし，回折の実験では，結晶格子面のどちら側から X 線が入射されるかで少し異なった回折を起こす場合があり，**異常分散**（anomalous scattering）と呼ばれている（3.5.2 項）．この問題を扱う場合には，hkl と $\bar{h}\,\bar{k}\,\bar{l}$ を，同じ結晶格子面だが n 次の回折と $-n$ 次の回折が異なると考えるか，異なった結晶格子面であると考えてしまうか，明確ではない．

もう1つの問題は，第4章で詳しく述べるが，通常採用される単位胞が単純単位胞ではない場合の考え方である．例えば，NaCl の場合，指数 (001) の結晶面は存在するが，指数 001 の回折は観測されない．これを，(001) の結晶格子面は存在するが，回折は

起こさないと考えるか，結晶格子面は (002) であって，この結晶格子面による回折の指数が 002, 004, 006, ... であると考えるか，曖昧である．

このように，結晶格子面という考え方は，突き詰めていくと曖昧な部分が多い．結晶面は，結晶の外形や結晶構造の範囲を示すのに不可欠だが，結晶格子面という考え方，すなわち，ブラッグの回折条件は表面的な利用にとどめておくのが賢いと思われる．

2.6 座標変換

結晶構造解析では，単位胞を取り直したい場合がしばしばある．単位胞を取り直すと逆格子基底ベクトルも変わるので，回折データの指数も変換しなければならない．変換式の導出には行列についての知識を必要とし，少し難しい内容となるが，X 線構造解析の書物には，意外と座標変換に関する説明がないので，ここにまとめておく．

一般に，単位胞を取り直す場合，原点の移動も含むことが多いが，これは，回折の指数には影響を与えないので，単純に，全原子の座標を平行移動すればよい．ここでは，この処理は終っているとし，原点が同じ場合の座標変換だけを考える．

単位胞ベクトルが $(\boldsymbol{a}, \boldsymbol{b}, \boldsymbol{c})$ である座標系から，単位胞ベクトルが $(\boldsymbol{a}_Q, \boldsymbol{b}_Q, \boldsymbol{c}_Q)$ である座標系への変換を考えると，これは，一般に，次のように表される．

$$\begin{aligned}
\boldsymbol{a}_Q &= q_{11}\boldsymbol{a} + q_{21}\boldsymbol{b} + q_{31}\boldsymbol{c} \\
\boldsymbol{b}_Q &= q_{12}\boldsymbol{a} + q_{22}\boldsymbol{b} + q_{32}\boldsymbol{c} \\
\boldsymbol{c}_Q &= q_{13}\boldsymbol{a} + q_{23}\boldsymbol{b} + q_{33}\boldsymbol{c}
\end{aligned} \quad (2.16)$$

ここで,座標変換の行列(変換行列) Q を次のように定義する.

$$Q = \begin{pmatrix} q_{11} & q_{12} & q_{13} \\ q_{21} & q_{22} & q_{23} \\ q_{31} & q_{32} & q_{33} \end{pmatrix} \tag{2.17}$$

(式 (2.16) と式 (2.17) とで q_{ij} の並び方が異なることに注意.)

Q を用いると,単位胞ベクトルの変換を表す式 (2.16) は次のように表される.ただし,ベクトルの列と行列の積は,横ベクトルと行列の積と形式的に同じように計算する.

$$(\boldsymbol{a}_Q,\ \boldsymbol{b}_Q,\ \boldsymbol{c}_Q) = (\boldsymbol{a},\ \boldsymbol{b},\ \boldsymbol{c})Q$$

この両辺に Q^{-1} を右から掛け,右辺と左辺を入れ替えると,逆変換の式が得られる.

$$(\boldsymbol{a},\ \boldsymbol{b},\ \boldsymbol{c}) = (\boldsymbol{a}_Q,\ \boldsymbol{b}_Q,\ \boldsymbol{c}_Q)Q^{-1} \tag{2.18}$$

$x\boldsymbol{a} + y\boldsymbol{b} + z\boldsymbol{c}$ と表される点は,次式の左辺で表されるが,式 (2.18) を代入すると,$(\boldsymbol{a}_Q,\ \boldsymbol{b}_Q,\ \boldsymbol{c}_Q)$ を基底とする表現に変換できる.

$$(\boldsymbol{a},\ \boldsymbol{b},\ \boldsymbol{c})\begin{pmatrix} x \\ y \\ z \end{pmatrix} = (\boldsymbol{a}_Q,\ \boldsymbol{b}_Q,\ \boldsymbol{c}_Q)Q^{-1}\begin{pmatrix} x \\ y \\ z \end{pmatrix}$$

この式から,単位胞ベクトルとして $(\boldsymbol{a}_Q, \boldsymbol{b}_Q, \boldsymbol{c}_Q)$ を用いた場合の座標は,元の座標の縦ベクトルに,左から Q^{-1} を掛けると得られることがわかる.また,逆変換は,両辺に,左から Q を掛けて得られる.

$$\begin{pmatrix} x_\mathrm{Q} \\ y_\mathrm{Q} \\ z_\mathrm{Q} \end{pmatrix} = Q^{-1} \begin{pmatrix} x \\ y \\ z \end{pmatrix}, \quad \begin{pmatrix} x \\ y \\ z \end{pmatrix} = Q \begin{pmatrix} x_\mathrm{Q} \\ y_\mathrm{Q} \\ z_\mathrm{Q} \end{pmatrix}$$

以上で,原子の結晶座標がどのように変換されるかがわかった.次に,波数空間の座標がどのように変換されるか調べよう.単位胞ベクトルと逆格子基底ベクトルの関係は,単位行列を I で表せば,次のように表される.

$$\begin{pmatrix} \boldsymbol{a}^* \\ \boldsymbol{b}^* \\ \boldsymbol{c}^* \end{pmatrix} (\boldsymbol{abc}) = I = \begin{pmatrix} 1 & 0 & 0 \\ 0 & 1 & 0 \\ 0 & 0 & 1 \end{pmatrix}$$

$(\boldsymbol{a}, \boldsymbol{b}, \boldsymbol{c})$ を $(\boldsymbol{a}_\mathrm{Q}, \boldsymbol{b}_\mathrm{Q}, \boldsymbol{c}_\mathrm{Q}) = (\boldsymbol{a}, \boldsymbol{b}, \boldsymbol{c})Q$ に変更すると同時に,逆格子基底ベクトルも変更して,この関係式を保つようにしなければならない.

$$Q^{-1} \begin{pmatrix} \boldsymbol{a}^* \\ \boldsymbol{b}^* \\ \boldsymbol{c}^* \end{pmatrix} (\boldsymbol{abc}) Q = Q^{-1} I Q = I$$

ここで,次のように新たな逆格子基底ベクトルを定めれば,逆格子基底ベクトルの縦列と単位胞ベクトルの横列の積が単位胞ベクトルとなるから,これが,逆格子基底ベクトルの座標変換を表している.

$$\begin{pmatrix} \boldsymbol{a}_\mathrm{Q}^* \\ \boldsymbol{b}_\mathrm{Q}^* \\ \boldsymbol{c}_\mathrm{Q}^* \end{pmatrix} = Q^{-1} \begin{pmatrix} \boldsymbol{a}^* \\ \boldsymbol{b}^* \\ \boldsymbol{c}^* \end{pmatrix}$$

逆変換は次のようになる．

$$\begin{pmatrix} \bm{a}^* \\ \bm{b}^* \\ \bm{c}^* \end{pmatrix} = Q \begin{pmatrix} \bm{a}_Q^* \\ \bm{b}_Q^* \\ \bm{c}_Q^* \end{pmatrix}$$

最後に，波数空間の座標（回折の指数）の変換は，結晶座標の変換の場合と同じように導くことができる．

$$(h,\ k,\ l) \begin{pmatrix} \bm{a}^* \\ \bm{b}^* \\ \bm{c}^* \end{pmatrix} = (h,\ k,\ l) Q \begin{pmatrix} \bm{a}_Q^* \\ \bm{b}_Q^* \\ \bm{c}_Q^* \end{pmatrix}$$

これより，次のようになる．

$$(h_Q,\ k_Q,\ l_Q) = (h,\ k,\ l) Q, \quad (h,\ k,\ l) = (h_Q,\ k_Q,\ l_Q) Q^{-1}$$

以上の結果は次のようにまとめられる．

・変換行列 Q は，式 (2.16)，式 (2.17) で定義される．
・単位胞ベクトルと回折の指数は横ベクトルで表され，座標変換では右から Q を掛ける．
・逆格子基底ベクトルと結晶座標は縦ベクトルで表され，座標変換では左から Q^{-1} を掛ける．

第3章

構造因子

3.1 フーリエ変換とフーリエ展開

3.1.1 構造因子

第2章で述べたように,回折条件(式 (2.12))が満たされれば,結晶の中で並進対称操作により等価となる点で散乱されるX線は,すべて,同じ小数部の位相をもち,これらは互いに強め合う.ここで,単位胞を1つ選んで,Aとしよう.結晶に含まれる単位胞の数をNとすれば,A内のそれぞれの点と等価な点が,結晶中にはN個存在する.A内の各点で散乱されたX線はN倍されて,結晶全体の散乱X線となり,これらが足し合わされて回折X線となる.回折X線の大きさを計算するには,足し合わせる順序を入れ替えて考えるほうが簡単である.すなわち,A内の各点での散乱X線を足し合わせ,これをN倍すれば結晶全体の散乱X線となる.

A内の各点で散乱されるX線は式 (2.6) で表される.その右辺の$w_0(t, \boldsymbol{x})$は波を表す部分で,単位胞内のどの点で散乱されたX線でも共通であるから,これ以外の部分を単位胞1個分について積分すれば,散乱されるX線の大きさを求めることができる.

$$F(\boldsymbol{p}) = \int_{\text{単位胞}} \rho(r) \exp(2\pi i \boldsymbol{p} \cdot \boldsymbol{r}) dv_r \tag{3.1}$$

ここでの積分の意味は,単位胞を小さな部分に分割し,それぞれ

の部分で体積 dv_r と $\rho(\boldsymbol{r})\exp(2\pi i\boldsymbol{p}\cdot\boldsymbol{r})$ の値の積を計算し，これらをすべて足し合わせる，という意味である．また，$F(\boldsymbol{p})$ は，$\boldsymbol{p}$ が回折条件を満たす場合にだけ式 (3.1) で与えられる値をもち，それ以外の $\boldsymbol{p}$ については，0 となる．式 (3.1) で定義される $F(\boldsymbol{p})$ を**構造因子** (structure factor) と呼ぶ．

回折 X 線の強度はいくつかの項の積となっているが，その中で，実空間の電子密度分布を反映する部分が構造因子である．構造因子は X 線構造解析において最も重要な量である．

3.1.2　1 次元のフーリエ展開とフーリエ変換

この章のテーマである構造因子は，数学的に見れば，電子密度分布関数のフーリエ展開の係数であり，式 (3.1) はその係数を求める式である．したがって，本章のテーマは，フーリエ展開とそれに関連するフーリエ変換の説明でもある．ここで，まず，フーリエ変換，フーリエ展開の要点を，1 次元の場合について示しておこう（図 3.1）．

フーリエ変換とは，次の式で関数 $f(x)$ から，新たな関数 $F(p)$ を作ることである．

$$F(p)=\int_{-\infty}^{\infty}f(x)\exp(2\pi ipx)dx \tag{3.2}$$

式 (3.2) の右辺は $-\infty$ からか $+\infty$ までの積分であるから，これが発散しないためには，$f(x)$ が原点から十分離れたところでは 0 となるような関数か，原点から遠ざかると急速に 0 に近づくような関数でないとフーリエ変換はできない．

逆に $F(p)$ から $f(p)$ を求めることもできる．

$$f(x)=\int_{-\infty}^{\infty}F(p)\exp(-2\pi ipx)dp \tag{3.3}$$

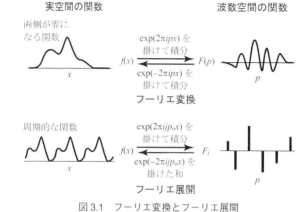

図 3.1 フーリエ変換とフーリエ展開

式 (3.3) は式 (3.2) とよく似た式だが，単に x と p が入れ替わっているだけでなく，位相部分の符号が変わっている．

式 (3.3) の右辺の積分は，小さな区間に分割して，係数 $F(p)$ が掛かった《三角関数》を足し合わせているとも見ることができる．少し違った表現をすれば，式 (3.3) は，関数 $f(x)$ を，係数の掛かった《三角関数》の和に分解する式であり，式 (3.2) はその係数を与える式である．

関数 $f(x)$ が周期 L の周期関数であれば，式 (3.2) は収束せず，そのままでは使えない．しかし，関数を係数の掛かった《三角関数》の和で表すという考え方は，むしろ，わかりやすく実現できる．この場合，《三角関数》としては，L ごとに同じ値を繰り返すものだけ，つまり，周期が L の整数分の 1 の《三角関数》だけとなる．波数 $p_0 (=1/L)$ で表せば，波数 p_0 の周期関数は，波数が p_0 の整数倍の《三角関数》の和となる．この結果，式 (3.3) は，次のように，積分ではなく，級数計算となる．

$$f_\mathrm{P}(x) = \frac{1}{L} \sum_{j=-\infty}^{\infty} F_j \exp(-2\pi i j p_\mathrm{o} x) \tag{3.4}$$

ここで，$f_\mathrm{P}(x)$ としたのは，periodic の P を付けて，周期関数であることを忘れないためである．このように，周期関数を，《三角関数》の級数として表すことを，**フーリエ展開**[†13]という．

式 (3.4) の F_j は式 (3.2) の $F(p)$ に相当するが，$p = jp_\mathrm{o}$（j は整数）の波数でしか値を持たないので $F(jp_\mathrm{o})$ を F_j と書いている．F_j は，式 (3.2) とほぼ同じ式で計算することができる．ただし，積分範囲は 1 周期でよい．

$$F_j = \int_{1周期} f_\mathrm{P}(x) \exp(2\pi i j p_\mathrm{o} x) dx \tag{3.5}$$

$f_\mathrm{P}(x)$ は周期関数であるので，右辺の積分は，1 周期分であれば，どの範囲の積分でも同じ結果を与える．式 (3.5) の 3 次元版が式 (3.1) である．

$f(x)$ や $f_\mathrm{P}(x)$ は，電子密度分布関数であるから，1 次元で考える場合には，長さあたりの電子の数を表し，長さの逆数の次元を持つ．式 (3.2) や式 (3.5) をみると，この関数を長さで積分して $F(p)$ や F_j が得られているので，$F(p)$ や F_j は無次元の量となる．式 (3.2)～式 (3.5) の中で，式 (3.4) だけが右辺の最初に $1/L$ が掛かっているが，これによって単位の整合性がとれている．

フーリエ展開は，19 世紀初頭に，熱伝導の問題を解くための方法として，フランスの数学者 Fourier によって発見された．フーリエ変換よりフーリエ展開のほうがわかりやすいので，まず，3.1 節と 3.2 節でフーリエ展開について述べ，3.3 節からフーリエ変換を扱う．

[†13] フーリエ級数展開ともいう．

周期関数がフーリエ展開できるための条件は簡単に表現できないが，電子密度のように，滑らかで，絶対値が積分可能な周期関数であれば，《三角関数》で級数展開できることがわかっている．ここで，「級数展開できる」ということの意味は，項数を増やせばいくらでも精度よく周期関数を近似できるということである．

3.1.3　1次元フーリエ展開を実際にやってみる

前項の式（3.4）で示した1次元フーリエ展開は，周期関数を《三角関数》に分解することである．これを，式（3.5）を使って，実際に計算してみよう．1次元の周期関数 $f_P(x)$ として図 3.2 のような関数を考える．問題を簡単化するために，関数は偶関数とした．というのは，フーリエ展開は式（3.4）で表され，$\exp(-2\pi ijp_0 x)$ の部分は，$\cos(2\pi jp_0 x)$ と $i\sin(-2\pi jp_0 x)$ の和となるが，sin 関数は奇関数であるため，偶関数の展開には含まれない．つまり，偶関数のフーリエ展開は cos 関数だけの和となるので，F_j は実数となり，図で示しやすいからである．

第 0 項 F_0 は，1 周期にわたる $f_P(x)$ の積分値であり，周期が 1

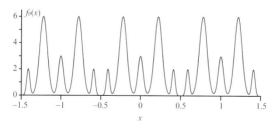

図 3.2　フーリエ展開を試みる電子密度関数 $f_P(x)$

周期性があるので，-0.5 から 1.5 の間だけ表示している．$x=0$ について左右対称で，偶関数であることを示している

であるため,この関数の平均値に等しい.$j=1$ 以降の係数 F_j のいくつかについて,図 3.3 のグラフを使って,その大小を推測してみよう.(a)〜(d) のグラフでは,元の関数をその平均値分だけずらした関数 $(f_P(x)-F_0)$ と $\cos(2\pi j p_a x)$ を示している.これらの積の 1 周期での積分値がフーリエ展開の第 j 項となる.

図 3.3(a) は,$j=1$ の関数,すなわち,$\cos(2\pi i p_a x)$ と $f_P(x)-F_0$ を示している.x が 0.3 より大きい部分では,いずれの関数も大きな負となる部分が多いので,この部分では積分値は正となる.しか

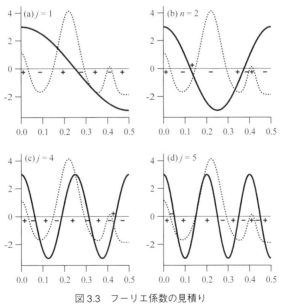

図 3.3 フーリエ係数の見積り

破線は,$f_P(x)-F_0$.実線はフーリエ展開の各項となる $\cos(2\pi i j p_a x)$.これらの関数は偶関数であるので,x の正側だけを表示している.横軸のすぐ下の符号は,2 つの関数の積の符号を示す.

し，x が 0.1 付近では $f_P(x) - F_0$ は比較的大きな負，cos 関数は比較的大きな正を示していて積が負となっている．これらが部分的に互いに打ち消すため，積分値としては，それほど大きくない正の値となると予測される．(b) に示した $j=2$ のグラフでは，いずれの関数も絶対値が大きな値をとる 0.2 から 0.3 の付近で正と負を示しているので，積分値は大きな負の値をとると考えられる．(c), (d) に示した $n=4$, $n=5$ の場合には，$f_P(x) - F_0$ の振れと cos 関数の振れが同じ方向に，ほぼ重なっており，大きな正の値となると予測される．

実際に，式 (3.5) を使って F_j を計算したのが，図 3.4 である．$j=1, 4, 5$ で正，$j=2$ で負となっていて，予測したとおりとなっている．それ以外の値では，F_j の絶対値は比較的小さい．

次に，式 (3.5) により計算された係数 F_j を使って，第 0 項から第 n 項までの cos 関数の和を式 (2.4) によって求め，元の電子密度関数 $\rho(x)$ と比較したのが，図 3.5 である．第 3 項までの和では，

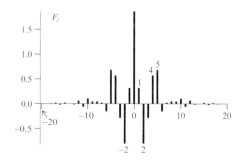

図 3.4　電子密度関数（図 3.2）のフーリエ展開の係数 F_j
$f_P(x)$ が偶関数のため，F_j は cos 関数の係数に等しく，実数である．図中の数字は j の値．

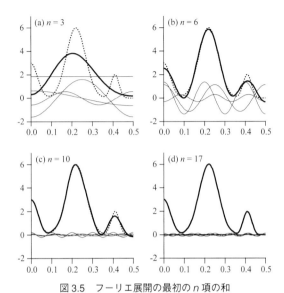

図 3.5 フーリエ展開の最初の n 項の和

f_P が偶関数であるので,正側だけを表示している.破線は f_P,太い実線は最初のフーリエ展開の n 項までの和,細線は,1つ手前のグラフから加えた各項((a)については加えたすべての項)の cos 関数.

$x=0.2$ 付近の大きなピークに対応した幅広いピークが1つ見られるだけで,$f_P(x)$ が再現されているとは言いがたい.ところが,第6項までの和をとると,はっきりと3つの山が見えている.ただし,$x=0$ 付近のピークや $x=0.4$ 付近のピークの高さでは少しずれが見られる.第10項までの和(図 (c))になるとよく再現されていて,$x=0.4$ 付近だけでわずかなずれが見られる.さらに,17 項までの和である図 (d) では,このグラフの精度の程度で見れば完全に再現されている.

フーリエ展開は,使える《三角関数》の波数が,基本となる波数

の整数倍だけであり，関数をある程度の精度で再現するのに多くの項数を要する．実際の結晶の電子密度分布は，内殻電子が原子核の近くに高い密度で存在するため，図3.2で示したグラフよりずっと鋭いピークを持つ分布となる．このため，実際に電子密度分布をフーリエ展開で再現するためには多くの項が必要となってくる．

今考えているのは1次元の問題だが，実際には j がどのくらいのところまで測定できるのか考えてみよう．例えば，図3.2のピークが結合する金属イオンと酸化物イオンの並びであるとすれば，ピーク間の距離は2Å程度であり，単位胞に5個のピークがあるので格子定数は10Å程度となるだろう．逆格子定数を単純に格子定数の逆数で考えれば0.1Å^{-1}程度となる．これがフーリエ展開の式の p_0 となる．次に，jp_0 がどの範囲の回折まで測定できるか考えよう．結晶構造解析でよく使われる MoKα 線は波長 λ が0.71Åであり，$2\theta_{\mathrm{Max}}=60°$ の回折まで測定すると測定できる最長の散乱ベクトルは，$2(\sin\theta_{\mathrm{Max}})/\lambda \approx 1.4$ Å^{-1}程度の長さである．逆格子定数が0.1Å^{-1}程度としているので，$j=14$ 程度のピークまで測定できることになる．つまり，図3.2のような鋭くないピークであれば，かなりよく再現できる程度である．

3.2 3次元のフーリエ変換

3.2.1 基底としての《三角関数》とフーリエ展開

前節では1次元のフーリエ展開がどんなものかを見た．X線構造解析で必要となるのは，3次元のフーリエ展開である．3次元の周期関数を，3次元の《三角関数》である平面波で展開するには，どんな平面波を使えばよいのだろうか．また，式 (3.1) は，X線回折についての議論の中で導かれた式であるが，これはフーリエ展開

の係数となっているのだろうか．このような疑問に答えるため，数学的厳密さは無視して，ベクトルとの類似性からフーリエ展開とはこんなものだ，ということを示すこととしたい．

3.1 節で述べたように，フーリエ展開とは，周期関数を係数の掛かった《三角関数》の和として表すことである（式 (3.4)）．言い換えれば，フーリエ展開とは，周期関数を《三角関数》の線形結合で表すことである．このように表現すれば，フーリエ展開は，空間ベクトルを，基底ベクトル u_1, u_2, u_3 の線形結合で表す作業（図 3.6）とよく似ていることがわかる．

ベクトルを基底の線形結合で表す問題を復習しておこう．長さが1で互いに直交する基底を u_k ($k=1,2,3$) とすると，任意のベクトル r は次のように表される．

$$r = x_1 u_1 + x_2 u_2 + x_3 u_3 \tag{3.6}$$

ここで，式 (3.6) の両辺と $u_k (k=1,2,3)$ との内積をとれば，$u_k \cdot u_k = 1$, $u_k \cdot u_l = 0 (k \neq l)$ だから，右辺には x_k だけが残り，次式が導ける．

$$x_k = u_k \cdot r \quad (k=1,2,3) \tag{3.7}$$

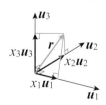

図 3.6 ベクトル r を基底ベクトルの線形結合で表す
基底ベクトル u_1, u_2, u_3 は互いに直交している．

これと同じ方法を周期関数に適用すれば,フーリエ展開の係数が求められる,というのが,本節の主題である.

以上の考え方で議論を進めるためには,まず,ベクトルの和,定数倍,内積が,周期関数ではどんな演算に対応するかを決めなければならない.和,定数倍は,周期関数でも同じ演算があるので,そのまま対応する.内積は,2つの周期関数から複素数が得られるような演算で,分配則や交換則が成り立つように決める必要がある.これを満たすような演算としては積分があるので,周期関数との対応関係を表3.1に示すように,決めることとする.なお,ベクトルでは,同じベクトル同士の内積の正の平方根を長さ,または絶対値と呼んでいるが,周期関数ではこれらの名称が他の意味で使われるので,**ノルム**という名前を使い,記号も $\|f_a\|$ を使う.

表3.1の対応を利用する第1歩として,1次元の場合についてフーリエ展開の係数を与える式 (3.5) を導いて見よう.まず,基底が何になるかを考える必要がある.周期 L の周期関数のフーリエ展

表3.1 ベクトルと周期関数の対応

	ベクトル空間	周期関数の空間
要素	ベクトル $\boldsymbol{a},\boldsymbol{b},\boldsymbol{c}$	周期 L の関数 f_a, f_b
和	$\boldsymbol{a}+\boldsymbol{b}$	f_a+f_b
定数倍	$c\boldsymbol{a}$	cf_a
内積	$\boldsymbol{a}\cdot\boldsymbol{b}$	$f_a \cdot f_b = \dfrac{1}{L}\displaystyle\int_{1周期} f_a^*(x)f_b(x)\,dx$ [a,b]
ノルム	$\|\boldsymbol{a}\|=\sqrt{\boldsymbol{a}\cdot\boldsymbol{a}}$	$\|f_a\| = \sqrt{\dfrac{1}{L}\displaystyle\int_{1周期} f_a^*(x)f_b(x)\,dx}$ [a,b]

[a] $f_a{}^*(x)$ は,$f_a(x)$ の複素共役な関数.
[b] 内積やノルムの定義で,積分の前に $(1/L)$ を掛けているのは,得られる結果が少し簡単化されるためで,大きな意味はない.

開と式 (3.6) を比べると，$e_j = C\exp(-2\pi i j p_o x)$ ($p_o = 1/L$, C はノルムを 1 とするための定数) が基底 $\boldsymbol{u}_j$ に対応しているように見える．そこで，$C\exp(-2\pi i j p_o x)$ と $C\exp(-2\pi i l p_o x)$ の内積を計算してみると，

$$\frac{1}{L}\int_{1周期} C\exp(2\pi i j p_o x) C\exp(-2\pi i l p_o x) dx$$
$$=\frac{C^2}{L}\int_{1周期} \exp\{2\pi i (j-l) p_o x\} dx$$
$$\begin{cases} = 0 & j \neq l \text{ のとき} \\ = C^2 & j = l \text{ のとき} \end{cases}$$

となる．したがって，ノルムを 1 とするためには，$C=1$ とすればよく，また，j が異なる $\exp(-2\pi i j p_o x)$ は互いに直交している．また，e_j だけの線形結合で，普通の連続的な関数はいくらでも正確に近似できることが知られており，これ以上，基底を追加する必要はない．つまり，e_j がベクトル空間の基底 $\boldsymbol{u}_k$ と同じように機能する．この結果，任意の周期関数 f_P は，次のように展開される．

$$f_P = \sum_{j=-\infty}^{\infty} c_j e_j$$
$$= \sum_{j=-\infty}^{\infty} c_j \exp(-2\pi i j p_o x)$$

これが 1 次元のフーリエ展開である．フーリエ展開で各基底 e_j に掛けられる係数 c_j は，式 (3.7) と同じように，周期関数 $f_P(x)$ と e_j の内積を計算すればよい．

$$c_j = \frac{1}{L}\int_{1周期} e_j{}^* f_P(x) dx$$
$$= \frac{1}{L}\int_{1周期} f_P(x) \exp(2\pi i j p_o x) dx$$

構造因子 F_j は,式 (3.2) で定義されるので,$c_j=F_j/L$ である.これを上の2つの式に代入すれば,式 (3.4),式 (3.5) が得られる.

さて,本題である3次元の周期関数 $f_\mathrm{p}(\boldsymbol{r})$ のフーリエ展開を考えよう.1次元の場合,基底は単純な正弦波 $\exp(-2\pi ijp_ax)$ であったが,正弦波に対応する3次元の関数は,2.2 節で述べたように平面波 $C\exp(-2\pi i\boldsymbol{p}\cdot\boldsymbol{r})$ である.平面波の中で,結晶と同じ周期性をもつものが,基底の候補となる.結晶の周期性とは,$\boldsymbol{r}$ の点と,その点から格子ベクトル $m_1\boldsymbol{a}+m_2\boldsymbol{b}+m_3\boldsymbol{c}$ (m_1, m_2, m_3 は整数)だけ移動した点が同じ,ということだから,$C\exp(-2\pi i\boldsymbol{p}\cdot\boldsymbol{r})$ と $C\exp[-2\pi i\{\boldsymbol{p}\cdot(\boldsymbol{r}+m_1\boldsymbol{a}+m_2\boldsymbol{b}+m_3\boldsymbol{c})\}]$ が同じ値でなければならない.つまり,格子ベクトル分だけ移動したときの位相の変化 $\boldsymbol{p}\cdot(m_1\boldsymbol{a}+m_2\boldsymbol{b}+m_3\boldsymbol{c})$ が整数でなければならない.これは 2.4.1 項で導いた回折条件と全く同じである.ということは,$\exp(2\pi i\boldsymbol{p}\cdot\boldsymbol{r})$ が基底に含まれるための必要条件は,

$$\boldsymbol{p}=h\boldsymbol{a}^*+k\boldsymbol{b}^*+l\boldsymbol{c}^* \quad (h,\ k,\ l \text{ は整数})$$

である.したがって,3次元の場合の周期関数の基底は,

$$e_{hkl}=C\exp\{-2\pi i(h\boldsymbol{a}^*+k\boldsymbol{b}^*+l\boldsymbol{c}^*)\cdot\boldsymbol{r}\}$$

の中から選ばなければならない.

ここで,$\boldsymbol{r}=x\boldsymbol{a}+y\boldsymbol{b}+z\boldsymbol{c}$ とおいて,式 (2.10) の関係を用いれば,各基底は次のようにも表すことができる.

$$\begin{aligned}e_{hkl}&=C\exp\{-2\pi i(h\boldsymbol{a}^*+k\boldsymbol{b}^*+l\boldsymbol{c}^*)\cdot(x\boldsymbol{a}+y\boldsymbol{b}+z\boldsymbol{c})\}\\&=C\exp\{-2\pi i(hx+ky+lz)\}\end{aligned}$$

1次元の場合と同じように,基底同士の内積を調べて,C の値を定めよう.3次元の周期関数の内積は,1次元の場合と同じように,

繰返しの単位である単位胞内での積分を使って定義できる．

$$f_\mathrm{a} \cdot f_\mathrm{b} = \frac{1}{V} \int_{単位胞} f_\mathrm{a}{}^*(\boldsymbol{r}) f_\mathrm{b}(\boldsymbol{r}) dv_{\boldsymbol{r}}$$

C を定めるには，$f_\mathrm{a}=e_{hkl}$, $f_\mathrm{b}=e_{h'k'l'}$ として，積分が 1 となるようにすればよい．まず，被積分関数を計算すると，

$$\begin{aligned}
e_{hkl}{}^* e_{h'k'l'} &= C^2 \exp\{2\pi i(hx+ky+lz)\}\exp\{-2\pi i(h'x+k'y+l'z)\} \\
&= C^2 \exp\{2\pi i(h-h')x\}\exp\{2\pi i(k-k')y\}\exp\{2\pi i(l-l')z\}
\end{aligned}$$

となって，3 つの関数の積となる．それぞれの関数は，x, y, z のいずれか 1 つのみを変数とする関数である．デカルト座標系であれば，このような積分は，それぞれの座標軸方向の積分の積となるのだが，結晶座標系を使っている場合には，さらに単位胞体積 V を掛けなければならないので[†14]，次のようになる．

$$\begin{aligned}
e_{hkl}{}^* \cdot e_{h'k'l'} &= \frac{1}{V} \int_{単位胞} e_{hkl}{}^* e_{h'k'l'} \, dv_{\boldsymbol{r}} \\
&= \int_{単位胞} e_{hkl}{}^* e_{h'k'l'} \, dxdydz \\
&= C^2 \int_{x_0}^{x_0+1} \exp\{2\pi i(h-h')x\} dx \int_{y_0}^{y_0+1} \exp\{2\pi i(k-k')y\} dy \\
&\quad \int_{z_0}^{z_0+1} \exp\{-2\pi i(l-l')z\} dx
\end{aligned}$$

最後の式は，3 つの項の積となっているが，それぞれの項は，$\exp(-2\pi inx)$（n は整数）の 1 周期分の積分で，n が 0 であれば 1, n が 0 以外なら 0 となる．したがって，次の結果が得られた．

[†14] dx, dy, dz を同じ大きさでとれば，これらの実際の長さは adx, bdy, cdz であり，これらを辺とする平行六面体は単位胞と相似形である．積分に現れる $dv_{\boldsymbol{r}}$ という微小な部分は，辺の長さが adx, bdy, cdz である平行六面体であり，その体積は，これらを辺とする直方体の体積の ξ 倍となる（式 2.8）．それゆえ，次の関係が導かれる．
$$dv_{\boldsymbol{r}} = \xi(a\,dx)(b\,dy)(c\,dz) = \xi abc\,dxdydz = V\,dxdydz$$

$$e_{hkl}{}^* \cdot e_{h'k'l'} \begin{cases} =0 & \bm{p} \neq \bm{p}' \text{ のとき} \\ =C^2 & \bm{p}=\bm{p}' \text{ のとき} \end{cases}$$

ここで,$\bm{p}=\bm{p}'$ となるのは,$h=h'$,$k=k'$,$l=l'$ がすべて満たされる場合である.

この結果から,1次元の場合と同じように,$C=1$ となる.また,e_{hkl} は互いにすべて直交しているため,すべての e_{hkl} を基底として用いなければならない[†15].つまり,3つの軸方向の,波数が異なる平面波だけでは基底としては不足で,あらゆる斜め方向の平面波も含めて基底として用いる必要がある.

結論:3次元でのフーリエ展開は,$e_{hkl}=\exp\{-2\pi i(h\bm{a}^*+k\bm{b}^*+l\bm{c}^*)\cdot \bm{r}\}$ を基底とし,F_{hkl}/V を係数とする展開である.

$$\begin{aligned} f_\mathrm{P}(\bm{r}) &= \sum_{h,k,l=-\infty}^{+\infty} \frac{F_{hkl}}{V} e_{hkl} \\ &= \frac{1}{V} \sum_{h,k,l=-\infty}^{+\infty} F_{hkl} \exp\{-2\pi i(h\bm{a}^*+k\bm{b}^*+l\bm{c}^*)\cdot \bm{r}\} \end{aligned}$$

これは次のようにも表せ,計算ではこの式が便利である.

$$f_\mathrm{P}(\bm{r}) = \frac{1}{V} \sum_{h,k,l=-\infty}^{+\infty} F_{hkl} \exp\{-2\pi i(hx+ky+lz)\} \tag{3.8}$$

構造因子 F_{hkl} は,$f_\mathrm{P}(\bm{r})$ の展開の係数の V 倍だから,次のようになる.

[†15] なぜなら,もし,ある指数 (H, K, L) の平面波 e_{HKL} を基底に含める必要がないと仮定とすると,e_{HKL} を他の基底の線形結合として表せるはずである.しかし,e_{HKL} は,他のすべての基底と直交するため,この後で出てくる式 (3.9) から,線形結合の係数がすべて0となり,表せないことがわかる.

$$F_{hkl} = V(e_{hkl} \cdot f_{\mathrm{P}})$$
$$= \int_{\text{単位胞}} f_{\mathrm{P}}(\boldsymbol{r}) \exp\{2\pi i (h\boldsymbol{a}^* + k\boldsymbol{b}^* + l\boldsymbol{c}^*) \cdot \boldsymbol{r}\} \, dv_{\boldsymbol{r}}$$
$$= \int_{\text{単位胞}} f_{\mathrm{P}}(\boldsymbol{r}) \exp\{2\pi i (hx + ky + lz)\} \, dv_{\boldsymbol{r}} \tag{3.9}$$

ここで,$(h\boldsymbol{a}^* + k\boldsymbol{b}^* + l\boldsymbol{c}^*) \cdot \boldsymbol{r} = hx + ky + lz$ という関係を用いた.さらに,$dv_{\boldsymbol{r}} = Vdxdydz$ だから,次のように表すこともできる.

$$F_{hkl} = V \int_{1\text{周期}} \int_{1\text{周期}} \int_{1\text{周期}} f_{\mathrm{P}}(\boldsymbol{r}) \exp\{2\pi i (hx + ky + lz)\} \, dxdydz \tag{3.10}$$

構造因子 F_{hkl} の中で,F_{000} は特別で,式 (3.9) から,

$$F_{000} = \int_{\text{単位胞}} f_{\mathrm{P}}(\boldsymbol{r}) \, dv_{\boldsymbol{r}}$$

である.もし,$f_{\mathrm{P}}(\boldsymbol{r})$ が電子密度分布関数を表す場合,F_{000} は,単位胞 1 個での電子密度分布関数の積分値であるから,単位胞 1 個に含まれる電子の個数の合計である.この値は,常に他の構造因子の絶対値より大きい[†16].

3.2.2 構造因子の実部と虚部

今まで,構造因子を複素数としてひとまとめにして扱ってきたが,ここでは,F_j を実部と虚部に分けて $F_j = A_j + iB_j$ として表してみよう.見やすくするため,$P_{hkl} = hx + ky + lz$ と表すと,式 (3.8) は次のようになる.

[†16] $f_{\mathrm{P}}(\boldsymbol{r})$ が正の実関数であれば,$|f_{\mathrm{P}}(\boldsymbol{r}) \exp[2\pi i\{(h\boldsymbol{a}^* + k\boldsymbol{b}^* + l\boldsymbol{c}^*) \cdot \boldsymbol{r}\}]| \le f_{\mathrm{P}}(\boldsymbol{r})$ であることと,一般に,関数 f の積分値の絶対値は,$|f|$ の積分値以下であることから導ける.

$$f_\text{P}(\boldsymbol{r}) = \frac{1}{V}\sum_{\text{全球}}(A_{hkl}+iB_{hkl})\exp(-2\pi i P_{hkl})$$

（計算の途中過程省略）

$$= \frac{1}{V}\sum_{\text{半球}}\{(A_{hkl}+A_{\bar{h}\bar{k}\bar{l}})\cos(2\pi P_{hkl})+(B_{hkl}-B_{\bar{h}\bar{k}\bar{l}})\sin(2\pi P_{hkl})\}$$
$$+ i\sum_{\text{半球}}\{-(A_{hkl}-A_{\bar{h}\bar{k}\bar{l}})\sin(2\pi P_{hkl})+(B_{hkl}+B_{\bar{h}\bar{k}\bar{l}})\cos(2\pi P_{hkl})\}$$
(3.11)

ここで，全球は，あらゆる h, k, l の組合せについて和，半球は，そのちょうど半分で，h, k, l と $\bar{h}$, $\bar{k}$, $\bar{l}$ のどちらかだけについての和を意味する[†17]．

今までは $f_\text{P}(\boldsymbol{r})$ を複素数の値をとる関数として考えてきたが，X線回折では，電子密度分布関数が $f_\text{P}(\boldsymbol{r})$ となるので，実関数である．実関数であれば，式（3.11）の最下段の虚数項がすべて 0 にならなければならない．このためには，すべての h, k, l の組合せについて，$A_{hkl}=A_{\bar{h}\bar{k}\bar{l}}$，$B_{hkl}=-B_{\bar{h}\bar{k}\bar{l}}$ であることが必要である．すなわち，$f_\text{P}(\boldsymbol{r})$ が実関数であれば，F_{hkl} と $F_{\bar{h}\bar{k}\bar{l}}$ が複素共役の関係，すなわち，

$$F_{hkl} = F_{\bar{h}\bar{k}\bar{l}}{}^*$$
(3.12)

となる．これを**フリーデル**（Friedel）**則**という．ここで，電子密度分布関数が実数であるとしても，構造因子は必ずしも実数ではないことに注意してほしい．

結晶構造の対称性については第 4 章で述べるが，その中で特に重要なのは**中心対称性**である．中心対称性があるとは，位置ベクトル $\boldsymbol{r}$ の位置に原子 A があれば，原点を挟んだ，ちょうど反対側の

[†17] 半球の具体的な範囲は，例えば，次のような範囲である．$h>0$ のすべてと，$h=0$ かつ $k>0$ のすべてと，$h=0$ かつ $k=0$ かつ $l\geq 0$ を合わせた範囲．

位置，すなわち，位置ベクトル$-\boldsymbol{r}$の位置にも同じ原子Aが存在することを意味する．この場合，電子密度分布関数は$f_\mathrm{p}(\boldsymbol{r})=-f_\mathrm{p}(-\boldsymbol{r})$という関係をもち，$f_\mathrm{p}(\boldsymbol{r})$は，中心対称性を持つcos関数だけで展開される．このため，式（3.11）のsin関数の係数が0となるので，$A_{hkl}=A_{\bar{h}\bar{k}\bar{l}}$，$B_{hkl}=B_{\bar{h}\bar{k}\bar{l}}$，すなわち，$F_{hkl}=F_{\bar{h}\bar{k}\bar{l}}$となる．これは，実空間関数が中心対称的であれば，そのフーリエ展開の係数も同じように中心対称的となることを示している．このとき，式（3.11）は次のように簡単になる．

$$f_\mathrm{P}(\boldsymbol{r})=\frac{2}{V}\sum_{\text{半球}} A_{hkl} \cos(2\pi P_{hkl})+\frac{2i}{V}\sum_{\text{半球}} B_{hkl} \cos(2\pi P_{hkl})$$

これに対応して，式（3.9），式（3.10）もexp関数の代わりにcos関数を用いればよいので，構造因子の計算は簡単になる．

さらに，$f_\mathrm{p}(\boldsymbol{r})$が実関数で，かつ，中心対称的である場合，$F_{hkl}{}^*=F_{\bar{h}\bar{k}\bar{l}}=F_{hkl}$となるので，$F_{hkl}$は実数であり，フーリエ展開は次のよう単純になる．

$$f_\mathrm{P}(\boldsymbol{r})=\frac{2}{V}\sum_{\text{半球}} A_{hkl} \cos(2\pi P_{hkl}) \tag{3.13}$$

まとめ：実空間の関数とフーリエ展開の係数の関係

実空間 $f_\mathrm{P}(\boldsymbol{r})$		構造因子 $F_j=A_j+iB_j$
(1) $f_\mathrm{P}(\boldsymbol{r})$が実関数	$\Leftrightarrow$	$F_{hkl}=F_{\bar{h}\bar{k}\bar{l}}{}^*$
		($A_{hkl}=A_{\bar{h}\bar{k}\bar{l}}$, $B_{hkl}=-B_{\bar{h}\bar{k}\bar{l}}$)
(2) $f_\mathrm{P}(\boldsymbol{r})$が中心対称的	$\Leftrightarrow$	$F_{hkl}=F_{\bar{h}\bar{k}\bar{l}}$
		($A_{hkl}=A_{\bar{h}\bar{k}\bar{l}}$, $B_{hkl}=B_{\bar{h}\bar{k}\bar{l}}$)
(3) $f_\mathrm{P}(\boldsymbol{r})$が実関数で，かつ，中心対称的	$\Leftrightarrow$	F_{hkl}が実数で，$F_{hkl}=F_{\bar{h}\bar{k}\bar{l}}$
		($A_{hkl}=A_{\bar{h}\bar{k}\bar{l}}$, $B_{hkl}=0$)

3.2.3 2次元フーリエ展開を実際にやってみる

3.2.1項で3次元でのフーリエ展開の係数を与える式 (3.9) を導いた.3次元のフーリエ展開を図で描くことはできないので,2次元で実際にこれを使ってフーリエ展開をやってみよう.

仮定する構造としては,図3.7のような2次元的な構造を考える.前項で述べたように中心対称性のある構造では,構造因子の計算は実部(cos関数の部分)だけでよいので(式 (3.13)),ここでは中心対称性のある構造を考えている.平面波については山と谷の部分を実線と破線で表し,電子密度はその値の高い部分だけを円で表すことにする.このようにして,2次元的な平面波と電子密度のピークを描いたのが図3.8である.

2次元では,フーリエ展開の係数は,1次元や3次元の場合と同じように,次のようになる.

$$F_{hk} = \int_{\text{単位胞}} f_\text{P}(\boldsymbol{r}) \exp\{2\pi i (h\boldsymbol{a}^* + k\boldsymbol{b}^*) \cdot \boldsymbol{r}\} dv_{\boldsymbol{r}}$$

もし,$(h\boldsymbol{a}^* + k\boldsymbol{b}^*) \cdot \boldsymbol{r}$ がほぼ整数となるような部分,すなわち,《三角関数》の値が1に近い値をとる領域でだけ,電子密度分布 $\rho(\boldsymbol{r})$ が大きな値をとれば,積分値は正の大きな値を持つ.逆に,

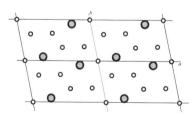

図3.7 構造因子を考えるのに仮定した構造
4つの単位胞を示している.灰色の大きな円と白い小さな円の電子数の比は 26:8 として図3.9の構造因子の計算を行っている.

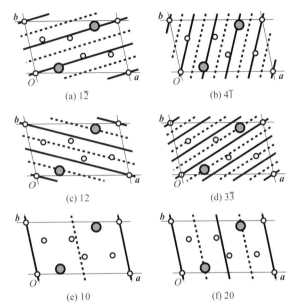

図 3.8 2次元結晶構造での構造因子の見積り
原子の位置を円で,平面波の山と谷を,それぞれ,実線と破線で示した.

$(h\boldsymbol{a}^*+k\boldsymbol{b}^*)\cdot\boldsymbol{r}$ が半整数(整数 + 1/2 のこと)に近い部分で,電子密度分布が大きければ,積分値は負の大きな値を持つ.

平面波の山の位置は,$h\boldsymbol{a}^*+k\boldsymbol{b}^*$ が整数となる位置であるが,これは 2.5.2 項で結晶格子面について述べた議論と同じように考え,$h\boldsymbol{a}^*+k\boldsymbol{b}^*$ を法線とする平行で,等間隔に並ぶ直線の集まりである.このうち,原点を通らない面で原点に最も近い面は,$(h\boldsymbol{a}^*+k\boldsymbol{b}^*)\cdot\boldsymbol{r}=1$ で表され,$\boldsymbol{a}/h$,$\boldsymbol{b}/k$(結晶座標で表せば,$(1/h,0)$,$(0,1/k)$ となる)の 2 点を通る直線である.例えば,図 3.8 (a) の回折 $1\bar{2}$ の場合には,a 軸とは原点から正の方向に a の距離で,b 軸とは原

点から負の方向に $b/2$ の距離で交わるので,左上を原点と考えて線を引けばよい.$(h\boldsymbol{a}^*+k\boldsymbol{b}^*)\cdot\boldsymbol{r}=0$ を満たす直線は,この直線と平行で原点を通る直線である.他の直線は,これと平行に,等間隔に並んでいる.図では,平面波の山となる直線群(位相が 0 となる位置)を実線で示している.

また,平面波の谷となる位置は,図に破線で描かれているように,山となる直線のちょうど中間の位置にある.この位置では,位相が半整数となり,《三角関数》の値は -1 である.そして,実線と,破線のちょうど中間では,《三角関数》の値が 0 となり,ここに高い電子密度が存在しても構造因子には寄与しない.

図 3.8 を見てみると,(a)(回折 $1\bar{2}$)と (b)(回折 $4\bar{1}$)は,いずれも,平面波の山である実線の近くにすべての原子が存在する場合であり,大きな正の構造因子を与えると予想される.一方,(c)(回折 12)と (d)(回折 $3\bar{3}$)の図は多くの原子が破線で描かれた平面波の谷(負側の山)に近いところに位置しているので,構造因子は負となると予測される.ただし,$3\bar{3}$ のように,平面波の波数の絶対値が大きくなり,周期が短くなると,原子の位置が少しずれるだけで,構造因子の値は大きく変わるようになる.

(e)(回折 10)と (f)(回折 20)は,向きは同じだが,波数が異なる平面波の組を示している.ブラッグ視点(2.5.2 項)で表現すれば,これらは同じ結晶格子面によって引き起こされる回折で,(e)は 1 次の回折,(f)は 2 次の回折である.(e)のほうは,大きな原子が平面波の値が 0 となる近辺にあり,小さな原子は,平面波の正の部分と負の部分にばらまかれていて,キャンセルするようになっている.このため,(e)の平面波に対応する構造因子の絶対値は非常に小さいと予想される.一方,(f)のほうは,大きな原子は平面波の谷(負側の山)の上にほぼ乗っており,小さな原子は,

平面波の正側に多い．このため，差し引きして，構造因子は負で，ある程度大きな絶対値を持つと予想される．このように，(e) と (f) は，向きが同じでも，回折の大きさは全く異なっている．

実際に構造因子を計算してみたのが，図3.9である．予測したと

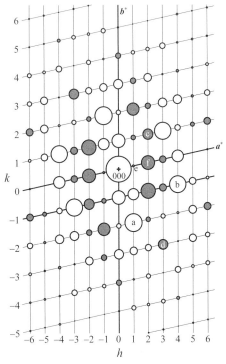

図3.9　図3.7の結晶構造の構造因子
円の面積は構造因子の絶対値に比例し，白色円は正，灰色円は負を表す．アルファベットは，図3.8の平面波の図の記号である．a^*はbと直交するので斜めとなる．

おり，(a)（回折 $1\bar{2}$），(b)（回折 $4\bar{1}$），は正の大きな値をとっており，(c)（回折 12）と(d)（回折 $3\bar{3}$）は負の大きな値をとっている．また，(e)の回折 10 はほとんど 0 に近く，(f) の回折 20 は大きな正の値をとっていて，図から予測したとおりとなっている．このように，2次元の場合，構造因子の大きさは，単純な構造ならば，図を書いてみれば，ある程度定性的に予測できる．

3次元では，図を描けないので同じような予測は難しいが，3次元の電子密度分布を平面に投影した2次元の分布については，同じように考えることができる．例えば，図3.7の2次元の分布は，3次元の電子密度分布を c 軸に沿って ab 面に投影した分布と考えることにすれば，2次元の回折 hk の構造因子は，3次元の回折 $hk0$ の構造因子であると考えることができる．

3.3 フーリエ変換

3.3.1 フーリエ級数とフーリエ変換

フーリエ級数の係数を求める式 (3.9) は，単位胞1個分の領域での積分となっているが，これは単位胞が1個だけ存在するとしたときのフーリエ変換の式と同じである．フーリエ級数の係数を求める式とフーリエ変換との違いは，前者がとびとびの値でだけ値を持つのに対し，後者は連続的な関数になっている，という点だけである．したがって，フーリエ変換が求められれば，フーリエ級数の係数を求めることは簡単で，単に，$\boldsymbol{p}$ のところに，$h\boldsymbol{a}^*+k\boldsymbol{b}^*+l\boldsymbol{c}^*$ を代入すだけである．

1次元のフーリエ変換は，式 (3.2)，式 (3.3) に示した．3次元の場合には，位置座標や，波数の値がベクトルになるので，次のようになる．

$$f(\boldsymbol{r}) = \int_{\text{全空間}} F(\boldsymbol{p}) \exp(-2\pi i \boldsymbol{p} \cdot \boldsymbol{r}) dv_{\boldsymbol{p}} \tag{3.14}$$

$$F(\boldsymbol{p}) = \int_{\text{全空間}} f(\boldsymbol{r}) \exp(2\pi i \boldsymbol{p} \cdot \boldsymbol{r}) dv_{\boldsymbol{r}} \tag{3.15}$$

式 (3.14) は波数空間での積分であり, 式 (3.15) は実空間での積分である. いずれの積分も積分範囲は全空間となっているが, $f(\boldsymbol{r})$ も $F(\boldsymbol{p})$ も原点から遠く離れると速やかに 0 に近づく関数であるとしているので, 数値計算では, 有限の範囲で計算すればよい.

3.3.2 フーリエ変換の性質

本節では, フーリエ変換により $f(x)$ と $F(p)$ が互いに変換されることを次のように表すこととする.

$f(\boldsymbol{r}) \leftarrow^{\text{F}} \rightarrow F(\boldsymbol{p})$ （1 次元では, $f(x) \leftarrow^{\text{F}} \rightarrow F(p)$）

$\leftarrow^{\text{F}} \rightarrow$ 記号についてのルールとして, 左から右を求める変換は $\exp(2\pi i \boldsymbol{p} \cdot \boldsymbol{r})$ を掛けて積分し, 右から左への変換は $\exp(-2\pi i \boldsymbol{p} \cdot \boldsymbol{r})$ を掛けて積分する.

この記号を用いると, フーリエ変換の常識的な性質を, 次のように表すことができる (1 次元の場合も同様だが省略する).

性質 1. $f(\boldsymbol{r}) \leftarrow^{\text{F}} \rightarrow F(\boldsymbol{p})$ であれば, c を任意の複素定数として,
$cf(\boldsymbol{r}) \leftarrow^{\text{F}} \rightarrow cF(\boldsymbol{p})$
(定数倍のフーリエ変換はフーリエ変換の定数倍)

性質 2. $f(\boldsymbol{r}) \xleftarrow{\text{F}} F(\boldsymbol{p})$, $g(\boldsymbol{r}) \xleftarrow{\text{F}} G(\boldsymbol{p})$ であれば,

$f(\boldsymbol{r})+g(\boldsymbol{r}) \xleftarrow{\text{F}} F(\boldsymbol{p})+G(\boldsymbol{p})$, $f(\boldsymbol{r})-g(\boldsymbol{r}) \xleftarrow{\text{F}} F(\boldsymbol{p})-G(\boldsymbol{p})$

(関数の和のフーリエ変換は,フーリエ変換の和,差でも同じ)

フーリエ展開の場合には,関数 $f_\text{P}(\boldsymbol{r})$ の性質に応じてフーリエ展開の係数に条件が課せられた.同じことがフーリエ変換でも生じる.まず,$f(\boldsymbol{r})$ が実数関数の場合,$F(\boldsymbol{p})$ と $F(-\boldsymbol{p})$ は複素共役となる.また,$f(\boldsymbol{r})$ が中心対称的,すなわち,$f(\boldsymbol{r})=f(-\boldsymbol{r})$ であれば,フーリエ変換された関数も同じように中心対称的で,$F(\boldsymbol{p})=F(-\boldsymbol{p})$ となる.このとき,フーリエ変換は,次のように単純に cos 関数だけを用いて表される.

$$f(\boldsymbol{r})=\int_{\text{全空間}} F(\boldsymbol{p})\cos(2\pi i \boldsymbol{p} \cdot \boldsymbol{r}) dv_p$$

$$F(\boldsymbol{p})=\int_{\text{全空間}} f(\boldsymbol{r})\cos(2\pi i \boldsymbol{p} \cdot \boldsymbol{r}) dv_r$$

さらに,$f(\boldsymbol{r})$ が実関数であって,かつ,中心対称的であれば,$F(\boldsymbol{p})$ も実関数で,かつ,$F(\boldsymbol{r})=F(-\boldsymbol{r})$ である.

また,式 (3.15) に,$\boldsymbol{p}$ として零ベクトル $\boldsymbol{o}$ を代入すると,次式が得られる.

$$F(\boldsymbol{o})=\int_{\text{全空間}} f(\boldsymbol{r}) dv_r \tag{3.16}$$

これより,$f(\boldsymbol{r})$ が電子密度分布を表しているなら,$F(\boldsymbol{o})$ は全電子密度を表すことになる.

フーリエ展開の場合に用いた 1 次元の関数 (図 3.2) についてフーリエ変換を計算してみよう.ただし,今回はフーリエ変換であるので,図 3.2 の関数の $-1/2$ から $1/2$ だけの範囲で図に示す値をとり,その範囲外では関数の値は 0 としている.

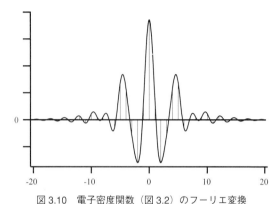

図 3.10 電子密度関数（図 3.2）のフーリエ変換

垂直の細線は，波数 p が整数の値をとる場合で，図 3.4 のフーリエ展開では，この波数だけを用いて級数展開している．

フーリエ変換の結果を図 3.10 に示す．図 3.2 に示した関数は $-1/2$ から $1/2$ の範囲だけで 0 でない関数としても偶関数であり，この結果，フーリエ変換した関数も実関数の偶関数となっている．図の中で，垂直の細線は p が整数の値をとるところであり，図 3.4 に示したフーリエ展開は，この細線で示した値においてフーリエ変換と同じ計算を行って得られた数列を用いている．この図で見ると，フーリエ変換の値の大きなところでフーリエ展開の係数が計算されているとは限らず，フーリエ展開が必ずしも効率のよい展開ではないことがあらためて理解できる．

3.3.3 ガウス関数のフーリエ変換

ガウス関数は釣り鐘型（西洋風の，裾の開いた釣り鐘，図 3.11）の関数で，さまざまな分布を表すのによく使われる．X 線構造解析でも，原子位置のゆらぎを近似するのに使われている（3.6 節）．後で

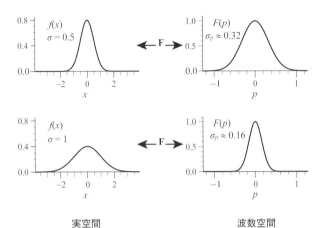

実空間　　　　　　　　波数空間
図3.11　ガウス関数のフーリエ変換
f(x) はいずれも規格化されているので，*F*(0)=1 となる．

利用するので，この関数のフーリエ変換をここで述べておこう．

まず，中心が原点にあり，面積が1に規格化されている，標準的な1次元のガウス関数の性質を簡単に示しておこう．この関数の可変なパラメーターは，分布の広がりを示す**標準偏差**（＝中心からのずれの2乗の平均値の平方根）σ だけであり，関数は $f(x) = C\exp\{-x^2/(2\sigma^2)\}$ で表される．C は，面積が1であることから決定され，$C = 1/(\sqrt{2\pi}\sigma)$ である[18]．この関数のグラフの傾きは，$x = \pm\sigma$ で最大となり，その点での関数の値は $e^{-1/2} \approx 0.61$ である．また，$f(x) = 1/2$ となる x の値は $\pm\sigma\sqrt{2\ln 2} \approx \pm 1.18\sigma$ である．

---

[18] $f(x)$ の標準偏差が σ となることは，$x^2 f(x) = -\sigma^2 x \cdot [C(-x/\sigma^2)\exp\{-x^2/(2\sigma^2)\}]$ の積分を，部分積分により $f(x)$ の積分に変換して導ける．C を求めるために必要な $f(x)$ の積分は，重積分あるいは複素積分についての知識を必要とする．

ガウス関数のフーリエ変換 $F(p)$ を求めるにはテクニックが必要だが[19]，その結果は非常に単純で，ガウス関数となる．

$$\frac{1}{\sqrt{2\pi}\sigma}\exp\left(-\frac{x^2}{2\sigma^2}\right) \xleftarrow{F} \exp(-2\pi^2\sigma^2 p^2) \tag{3.17}$$

フーリエ変換して得られた p の関数 $\exp(-2\pi^2\sigma^2 p^2)$ は p の分布を表すと見ることもできる．この分布の標準偏差を σ_p とすれば，$2\pi^2\sigma^2$ が $1/(2\sigma_p{}^2)$ に等しくなるので，次の関係が導かれる．

$$\sigma\sigma_p = \frac{1}{2\pi} \approx 0.16 \tag{3.18}$$

すなわち，$f(x)$ の分布の幅と，そのフーリエ変換の分布の幅は，反比例する．$f(x)$ の分布が鋭くなれば，波数の分布は広がり，逆に，$f(x)$ の分布が広がれば，波数の分布は鋭くなる．これを，実際に示したのが，図 3.11 である．

3.4　畳み込み

3.4.1　畳み込み

3.2 節で述べたように，構造因子は単位胞 1 個分の電子密度分布関数のフーリエ変換 $F(\boldsymbol{p})$ の，$\boldsymbol{p}=h\boldsymbol{a}^*+k\boldsymbol{b}^*+l\boldsymbol{c}^*$（$h$, k, l は整数）における値である．単位胞内の電子密度分布は，単位胞内の各原子の電子密度分布の和で非常によく近似できる[20]．前節で述べたフーリエ変換の性質 2（関数の和のフーリエ変換は，個々の関数のフーリエ変換の和と等しい）により，$F(\boldsymbol{p})$ は個々の原子の電子密度分布のフーリエ変換を足し合わせればよい．つまり，位置

---

[19] $F(p)$ を p で微分した関数が満たす微分方程式を解くという方法．
[20] 化学結合ができると，結合する 2 原子の間の電子密度が少し増えるので，わずかだが原子密度分布は，原子の電子密度分布の和からずれる．

(x, y, z) にある「原子の電子密度分布関数のフーリエ変換」が求められればよい.しかし,これは簡単ではなさそうに見える.

原子の電子密度分布は,原子軌道が広がっているだけでなく,原子が熱振動しているためによっても広がっている.これを数式で表すために,まず,原子核の平均の位置が原点にある場合を考える.静止している原子の電子密度分布関数を $\rho_0(\boldsymbol{r})$,熱振動などによって揺らいでいる原子核の位置の分布を $t(\boldsymbol{r})$ としよう.これらは,いずれも,原点を中心とし,原点から遠ざかるにつれて急速に値が小さくなる分布である.これらの2つの分布が合わさった分布,すなわち,原子位置のゆらぎも含めた電子密度分布も,原点を中心とし,原点から遠ざかるにつれて急速に減少する分布となるが,これを $\rho_A(\boldsymbol{r})$ としよう.原子核は,原点を中心として揺らいでいるが,ある瞬間,その位置が $\boldsymbol{s}$ であるとすると,位置 $\boldsymbol{r}$ における電子密度は $\rho_0(\boldsymbol{r}-\boldsymbol{s})$ である(図3.12).原子核が位置 $\boldsymbol{s}$ にある確率は $t(\boldsymbol{s})$ だから,ρ_A を求めるには,$t(\boldsymbol{s})\rho_0(\boldsymbol{r}-\boldsymbol{s})$ を,あらゆる $\boldsymbol{s}$ について足し合わせる,すなわち,$\boldsymbol{s}$ について積分しなければならない.さらに,ρ_A をフーリエ変換して,原点に原子がある場合の

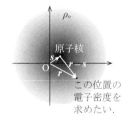

図3.12 熱振動している原子の電子密度分布
原子核が平均の位置から $\boldsymbol{s}$ だけずれている場合,位置 $\boldsymbol{r}$ での電子密度は $\rho_0(\boldsymbol{r}-\boldsymbol{s})$ となる.

「原子のフーリエ変換」が得られる．この計算は，とても難しそうに見える．さらに原子核の平均位置を原点から位置 (x, y, z) にずらすと，そのフーリエ変換がどうなるのかということも考える必要がある．これらの厄介な問題を解決する鍵となるのが「畳み込み」(convolution，合成積ともいう) と呼ばれる演算である．

畳み込みは，2つの関数から新しい関数を作る演算である．その記号としては $*$，●，○ などが用いられるが，本書では，目立つように，♠を使おう．2つの関数 f と g の畳み込みは次のように定義される．

$$(f \spadesuit g)(x) = \int_{-\infty}^{\infty} f(s)g(x-s)dt \quad (1次元)$$

$$(f \spadesuit g)(\boldsymbol{r}) = \int_{全空間} f(\boldsymbol{r})g(\boldsymbol{r}-\boldsymbol{s})dv_s \quad (3次元)$$

なお，畳み込みは，どちらの関数が先に来ても同じ結果となる．すなわち，$f \spadesuit g = g \spadesuit f$ である．

この畳み込みの意味を考えるために，まず，1次元の確率分布の例として，多人数が受ける数学と英語の試験を考えよう (図3.13)．ここで，数学の成績と英語の成績の間には何ら相関がないと仮定し，数学の点数の確率分布を $f(x)$[21]，英語の試験の点数の確率分布を $g(x)$ としよう．ここで，2科目合計点が12点となるのは，次のような場合である．

場合	生じる確率
数学が2点，英語が10点	$f(2)g(10)$
数学が3点，英語が9点	$f(3)g(9)$
・・・・・・・・・・・・・・・	
数学が10点，英語が2点	$f(10)g(2)$

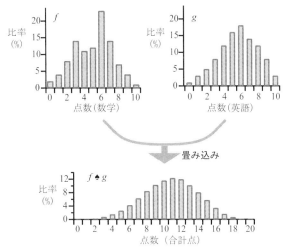

図 3.13　2 科目の成績の確率分布と合計点の確率分布
2 科目の合計点の確率分布は，それぞれの科目の確率分布の畳み込みとなる．

　これらの確率を足し合わせれば，合計点が 12 点となる確率が計算できる．これを，一般化して書けば，合計点が x である確率は，数学の点数が t である確率 $f(t)$ と，国語の点数が $x-t$ である確率 $g(x-t)$ を掛け合わせ，その掛け合わせた値を，すべての t について計算して加え合わせた値となる．今の場合は，点数がとびとびの値をとると考えていたが，一般的な確率分布では，f, g は連続的な変数となるので，総和は積分となり，上の畳み込みの定義に一致する．したがって，合計点の確率分布を示す確率関数は $f \spadesuit g$ と表すことができる．

　次に，2 次元の場合の例として，つるされたノズルから微粉末が

---

†21　数学の点数で x をとった人の人数割合が $f(x)$ であるという意味．

吹き出されて，その下に山ができる場合を考えよう（図3.14）．ここで考えるノズルのうち，太いノズル (b) は固定されているが，ノズルの口が太いので広がった粉末の山を作るとする．この山の分布は2次元の分布であり，これを$f(\bm{r})$としよう．一方，非常に細いノズル (c) は，揺れているために広がりを持った微粉末の山を作るとし，この山の分布を$g(\bm{r})$とする．ノズルの太さによる分布と揺れによる分布が重なった場合，つまり，太いノズルが揺れた場合の分布 (d) は，fとgの畳み込み$f \spadesuit g$となる．

　一般化して言うなら，2つの独立した原因で分布が生じている場合，これらの原因が足し合わされた場合に得られる分布は，元の2

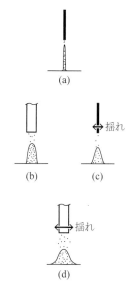

図 3.14　粉末を吹き出すノズル
説明は本文参照.

つの分布の畳み込みで得られる．本節の最初に述べたゆらぎを含めた原子の電子密度分布も，このノズルの場合と同じであり，次式で表される．

$$\rho_A = \rho_0 * t \tag{3.19}$$

$\rho_A(\boldsymbol{r})$ のフーリエ変換が，原点にある原子の構造因子となる．ここで，**2つの関数の畳み込みのフーリエ変換は，それぞれの関数のフーリエ変換の積に等しい**，という非常に役に立つ関係がある[22]．式で表せば，次のようになる．

性質3.

$f(\boldsymbol{r}) \xleftarrow{F} F(\boldsymbol{p}), \ g(\boldsymbol{r}) \xleftarrow{F} G(\boldsymbol{p})$

であれば，

$(f*g)(\boldsymbol{r}) \xleftarrow{F} F(\boldsymbol{p})G(\boldsymbol{p})$

$f(\boldsymbol{r})g(\boldsymbol{r}) \xleftarrow{F} (F*G)(\boldsymbol{p})$

(関数の畳み込みのフーリエ変換は，フーリエ変換の積)

この性質は，非常に有用で，フーリエ変換が使われるさまざまな分野で利用されている．構造因子の計算でも，原点にある原子のゆらぎを含めた電子密度分布 $\rho_A(\boldsymbol{r})$ は，式 (3.19) で表されるから，そのフーリエ変換は，原子の電子密度分布 ρ のフーリエ変換 f と原子位置のゆらぎ t のフーリエ変換 T の積として表される．

$(\rho * t)(\boldsymbol{r}) \xleftarrow{F} f(\boldsymbol{p})T(\boldsymbol{p})$

---

[22] 証明は難しくない．1次元の場合で述べると，$f(s)\, g(x-s)$ の s についての積分と，これに，$\exp(2\pi ipx)$ を掛けた関数の x についての積分の順序を交換し，$y=x-s$ とおいて，$\exp(2\pi ipx) = \exp(2\pi ipy)\exp(2\pi ips)$ と変形すればよい．

つまり，原子の電子密度分布 ρ のフーリエ変換 f と原子位置のゆらぎ t のフーリエ変換 T を求めることができればよい．実空間でゆらぎを含めた電子密度分布を計算して，そのフーリエ変換を求めるという面倒な作業は必要がないのである．f は次節で，T は3.6節で求める．

3.4.2 デルタ関数

以上により，原点にある原子の構造因子を計算する方法の見通しがついた．次は，任意の位置にある原子の構造因子を計算する方法を考える必要がある．この計算方法は，フーリエ変換の定義に戻り，式で導いてもよいが，次のようなスマートな考え方がある．すなわち，原子の電子密度分布を，図3.14 (a) で示したような極限的に鋭い分布と，原子が原点にある場合の電子密度分布の畳み込みと考えることで，原子の中心点をずらすという方法である．

この極限的に鋭い分布は，**デルタ関数**[†23] と呼ばれていて，δ で表す．デルタ関数は，ある1点のすぐ近く以外では0の値をとり，全空間で積分すれば1となるような関数を理想化したものである（図3.15）．つまり，関数が0以外の値をとる領域が小さくなっていった極限を考える，ということである．3次元の場合で述べると，$\boldsymbol{q}$ を固定された位置ベクトルとして，$\boldsymbol{r}=\boldsymbol{q}$ 以外では0をとり，積分値が1である関数がデルタ関数で，これを $\delta_q(\boldsymbol{r})$ と表すこととする．数式で表せば，

$\boldsymbol{r}$ が $\boldsymbol{q}$ とほとんど一致するとき以外は，$\delta_q(\boldsymbol{r})=0$

$\int \delta_q(\boldsymbol{r}) dv_r = 1$

[†23] 正式には，ディラックのデルタ関数という．

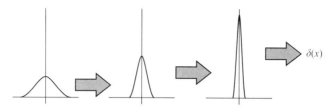

図3.15 デルタ関数 δ
積分値を1に保ったまま,値が0でない範囲をどんどん狭めていった極限が関数 $\delta(x)$ である.

である.ここで,任意の関数 $f(\bm{r})$ とデルタ関数との積 $f(\bm{r})\delta_q(\bm{r})$ の積分を考えよう.この関数の積は,点 $\bm{r}=\bm{q}$ のごくごく近く以外では0であるから,点 $\bm{r}=\bm{q}$ のごくごく近くだけで積分を考えればよい.この積分領域は極限的に小さいので,関数 $f(\bm{r})$ は $f(\bm{q})$ に等しく,定数と考えられる.このため,$f(\bm{r})\delta_q(\bm{r})$ の積分は,定数 $f(\bm{q})$ と $\delta_q(\bm{r})$ の積の積分となるから,次式が導かれる.

$$\int_{全空間} f(\bm{r})\delta_q(\bm{r})dv_r = f(\bm{q}) \tag{3.20}$$

これを用いて,$f(\bm{r})$ と $\delta_q(\bm{r})$ の畳み込みを計算しよう.

$$\begin{aligned}(f \spadesuit \delta_q)(\bm{r}) &= \int_{全空間} \delta_q(\bm{s})f(\bm{r}-\bm{s})dv_s \\ &= f(\bm{r}-\bm{q})\end{aligned} \tag{3.21}$$

すなわち,$f(\bm{r})$ が原点を中心とする分布であれば,$f \spadesuit \delta_q$ は $\bm{r}=\bm{q}$ を中心とする分布となって,f を $\bm{q}$ だけずらした関数 $f(\bm{r}-\bm{q})$ となっている.これを利用すれば,原点以外の原子の電子密度分布を,デルタ関数との畳み込みで表現できる.

デルタ関数のフーリエ変換は,式 (3.20) より,簡単に計算できる.

$$\int_{\text{全空間}} \delta_q(\boldsymbol{r}) \exp(2\pi i \boldsymbol{p} \cdot \boldsymbol{r}) dv_r = \exp(2\pi i \boldsymbol{q} \cdot \boldsymbol{p})$$

すなわち,

$$\delta_q(\boldsymbol{r}) \leftarrow\text{F}\rightarrow \exp(2\pi i \boldsymbol{q} \cdot \boldsymbol{p}) \tag{3.22}$$

である.$\boldsymbol{q}$ の位置に中心を持つ電子密度分布関数 $\rho(\boldsymbol{r}-\boldsymbol{q})$ は,式 (3.21) より,$(\rho \spadesuit \delta_q)(\boldsymbol{r})$ で表される.畳み込みのフーリエ変換は,それぞれの関数のフーリエ変換の積となるので,式 (3.22) を使って次の結果が得られる.

$$\rho(\boldsymbol{r}) \leftarrow\text{F}\rightarrow F(\boldsymbol{p}) \text{ であれば,} \rho(\boldsymbol{r}-\boldsymbol{q}) \leftarrow\text{F}\rightarrow F(\boldsymbol{p}) \exp(2\pi i \boldsymbol{q} \cdot \boldsymbol{p})$$

この性質のおかげで,$\boldsymbol{r}=\boldsymbol{q}$ に中心が位置する原子の電子分布 $\rho(\boldsymbol{r})$ は,原点にある電子分布のフーリエ変換に $\exp(2\pi i \boldsymbol{q} \cdot \boldsymbol{p})$ を掛ければ計算できることになる.$\boldsymbol{q}$ は原子の位置ベクトルであり,X線構造解析ではこの $\boldsymbol{q}$ を決定することが第 1 の目標となる.

本節の結果をまとめておこう.単位胞 1 個分の電子密度分布(各原子位置のゆらぎも含めたもの)は,各原子の位置(原子核の位置)を示すデルタ関数 δ_{q_j} に,$\rho_j \spadesuit t_j$ で表される分布(式 (3.19))を,天ぷらの衣のように被せたものを足し合わせたもので,次のように表される.

$$\rho_{\text{単位胞}}(\boldsymbol{r}) = \sum_{j=1}^{N} (\delta_{q_j} \spadesuit \rho_j \spadesuit t_j)(\boldsymbol{r}) \tag{3.23}$$

ここで,j は原子の番号で,単位胞中に原子は 1 番から N 番まであるとしている.構造因子は単位胞 1 個分のフーリエ変換であるから,原子ごとに δ_{q_j}, ρ_j, t_j の分布のフーリエ変換を求め,これらの積を計算し,最後に全原子についての和をとればよい[24].このうちの最初の δ_{q_j} のフーリエ変換は,$\exp(2\pi i \boldsymbol{p} \cdot \boldsymbol{q}_j)$ である(式

(3.22)）．

3.5 原子1個のフーリエ変換

3.5.1 原子散乱因子

前節で述べたように，原子1個分の電子密度分布 $\rho_j(\boldsymbol{r})$ のフーリエ変換を計算しておけば，各原子の電子密度分布の構造因子への寄与は単に積として入って来るので，計算は極めて簡単になる．ここで，$\rho_j(\boldsymbol{r})$ は球対称に分布していると考える．つまり，原点からの距離を r とすれば，$\rho_j(\boldsymbol{r})$ は r だけの関数 $\rho_j(r)$ として表せる．これはよほど精密な構造解析でない限り，妥当な仮定である[25]．

フーリエ変換 $F_j(\boldsymbol{p})$ を求めるには，$\rho_j(\boldsymbol{r})$ に $\exp(2\pi i \boldsymbol{r} \cdot \boldsymbol{p})$ を掛けて，全空間を積分すればよいのだが，$\rho_j(\boldsymbol{r})$ が球対称であるから，積分の値も $\boldsymbol{p}$ の方向には依らず，$\boldsymbol{p}$ の絶対値 p だけに依存する．したがって，1個の原子の電子密度のフーリエ変換 $F_j(\boldsymbol{p})$ は p だけに依存する関数 $f_j(p)$ として表すことができる．この $f_j(p)$ を**原子散乱因子**（atomic scattering factor）と呼ぶ．3次元の球対称の関数のフーリエ変換は，角度部分については高校数学の範囲で積分が可能で，その結果は次のようになる[26]．

---

[24] この考え方をさらに進めると，結晶構造は，格子点に並ぶデルタ関数の3次元配列と，単位胞の電子密度分布の畳み込みとなる．格子点に並んだデルタ関数のフーリエ変換は逆格子点に並ぶデルタ関数となるので，結晶構造のフーリエ変換は，とびとびの構造因子の列となる．

[25] ただし，水素原子については，内殻電子がないので，結合によって電子の分布は中心対称的な分布から大きく変化し，妥当な仮定ではない．ただし，他の元素に比べ水素の構造因子への寄与は小さい．

[26] 積分計算では $\boldsymbol{p}$ を固定して考え，z 軸を $\boldsymbol{p}$ の方向とする球座標 (r, θ, ϕ) を用いれば，$\boldsymbol{r} \cdot \boldsymbol{p} = rp\cos\theta$ であり，体積素片は $dr(rd\theta)(r\sin\theta\,d\phi)$ となる．置換 $t = -\cos\theta$ を行えば積分できる．

$$f_j(p) = \frac{2}{p} \int_0^\infty r\rho_j(r) \sin(2\pi rp) dr \tag{3.24}$$

この式に,量子力学的な計算によって得られた原子軌道の電子密度分布関数 $\rho_j(r)$ を代入して原子散乱因子を求めた結果は,*International Tables for Crystallography*, Volume Cに表と近似式の両方で載せられている[27].構造解析のプログラムでは,構造因子ごとに,式 (2.14) によって p の値を求め,これを原子散乱因子の近似式に代入して,それぞれの構造因子に含まれる原子散乱因子を計算する.

原子散乱因子を p に対してプロットしたのが,図3.16である.この図を見ると,原子番号とともに原子散乱因子が大きくなっていることがわかる.特に,$p=0$ での値は原子番号に等しくなっているが,これは,フーリエ変換の原点での値が全電子密度と等しくなるため(式 (3.16))である.

原子散乱因子の波数依存性をよく見るため,原点での値で割った値 $f(p)/f(0)$ をプロットしたのが,図3.17である.このプロットを見るときに注意すべきことは,電子密度分布が広がっていれば,原子散乱因子は狭い分布をするようになることである (3.3.3項).図3.17では重原子ほど原子散乱因子の分布が広くなる傾向があるが,これは,狭い領域に密に分布する内殻電子の割合が重原子では増加し,全体としての電荷分布が点電荷に近づく傾向があることを示している.また,3d 元素の Sc と Ni を比べると,Ni の原子散乱因子がかなり広がっている.これは,Ni のほうが電子の遮蔽が小さくなり,電子が原子核に引きつけられていることを示している.

図3.17のグラフをガウス分布で近似して考えれば,分布の広が

---

[27] f は $\sin(\theta)/\lambda = p/2$ についての関数として与えられている.

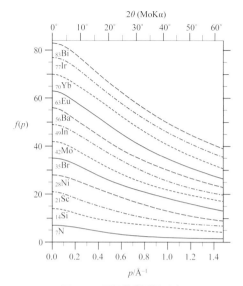

図 3.16　原子散乱因子 $f(p)$
原子番号が 7 の倍数の原子について示している．グラフの上辺に MoKα 線を用いた場合の回折角 2θ の値を示しているが，この目盛は右へ行くほど間隔が狭くなっている（$\sin(\theta) = p/(2x)$）．

りを概算することができる．ガウス分布の標準偏差は，グラフの値が最大値の $e^{-1/2}$ 倍となる横軸の値である（3.3.3 項）．この値をグラフから読み取れば，N で $0.44\,\text{Å}^{-1}$，Bi で $0.98\,\text{Å}^{-1}$ であり，これから，式 (3.18) を用いて原子の電子密度分布の標準偏差を計算すると，N で $0.36\,\text{Å}$，Bi で $0.16\,\text{Å}$ となる．これらの値は，原子半径に比べればずっと小さく，特に重原子の電子密度分布は中心のごく狭い部分に分布していることがわかる．

多くの無機化合物中では，各原子は形式的にはイオンとなっている．イオンとなれば，電子数も電子密度分布の形も変化し，これに

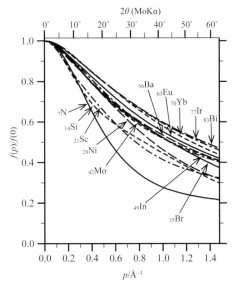

図 3.17 規格化された原子散乱因子
図 3.16 の説明を参照.

応じて，原子散乱因子も変わってくる．*International Tables for Crystallography*, Volume C には，代表的なイオンの原子散乱因子のイオンも載せられているが，与えられている値は，真空中に孤立して存在するイオンの波動関数から計算された値であって，化合物中のイオンは，これとは異なっている．常識的に考えて，NaCl 中のナトリウムは，中性原子より，Na^+ イオンの状態にずっと近いと考えられる．一方，SiO_2 中のケイ素は，Si^{4+} イオンより，中性原子のほうが近いであろう．

中性原子とイオンの電子密度分布の差を $\Delta\rho(\boldsymbol{r})$ とすれば，$\Delta\rho(\boldsymbol{r})$ は，主に価電子の分布の変化分であるため，大きく広がった分布で

ある.このため,$\Delta\rho(\boldsymbol{r})$ のフーリエ変換は原点を中心とする鋭いピークとなる.例えば,K で考えれば,その分布の幅は,金属半径より少し小さい程度と見積もれるから,式 (3.18) を用いれば,そのフーリエ変換の分布の幅は,0.1 Å^{-1} の程度と予想される.実際,いくつかのイオンの原子散乱因子を中性原子の原子散乱因子と比較すると(図 3.18),Si^{4+} のように現実的な電荷から大きくずれているイオンを除けば,差があるのは,p が小さい範囲(0.2〜0.4 以下)に限られている.格子点の数は p の 3 乗に比例して増加するため(2.4.3 項),影響を受ける回折の数は,回折データ全体の中で,比較的少ない.そのため,最近では,どんな化合物でも,すべて中性

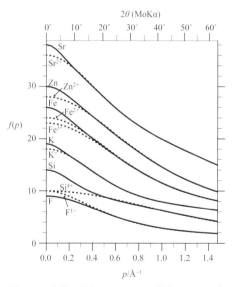

図 3.18 中性原子とイオンの原子散乱因子の比較
図 3.16 の説明を参照.

原子の散乱因子を用いることが普通になってきている．

3.5.2 異常分散

今までの議論は，すべて，1.3.1項で述べた仮定をもとにしている．これは，電子密度分布がX線と相互作用し，X線を別の方向に放射するが，相互作用が終わるとともに完全に元の状態に復帰することを前提としている．古典物理学のモデルで述べるならば，電子はバネのようなもので固定されていて，X線という変動する電場の中に置かれると電子は揺れてX線を発生するが，すぐに元の状態に戻ると考えた場合にこのような現象が生じる．しかし，実際には，X線が照射されると，電子状態の遷移が生じ，電子のエネルギーが変化する場合がある．古典物理学のモデルでいうなら，電子を固定しているバネに摩擦があって，エネルギーの損失があるような場合である．このような現象を含めて考える場合には，原子散乱因子は，原子とX線の相互作用を表す因子と考えることになる．

原子の中の電子を固定するバネに摩擦があると，X線を受けた場合の電子の応答に遅れが生じることになる．この結果，散乱されたX線の位相にずれが生じ，原子散乱因子に虚数項が生じてくる．また，散乱されるX線の大きさも変化する．このため，原子散乱因子は，次のように，X線の波長 λ に依存する補正項を加える必要が生じる．

$$f(p,\ \lambda) = f_0(p) + f'(\lambda) + if''(\lambda)$$

ここで，f は補正項を含めた原子散乱因子，f_0 は電子密度のフーリエ変換，f'，f'' は補正項の実部と虚部である．f'，f'' はX線の波長に依存して変化し，通常，異常分散項と呼ばれている．**異常分散**という語は，もともと，光学で波長が短くなるとともに屈折率が小さ

くなる現象に用いられていたが，X線回折では，単に波長に依存する原子散乱因子の補正という意味で用いられている[†28]．

異常分散項 f'，f'' が f_0 に対してどの程度の大きさとなるかを，MoKα 線の場合について表したのが図 3.19 である．f' は，正の場合も負の場合もある．その絶対値は，3% 以下の原子が多いが，Zr 付近の元素は 10% を超える．一方，f'' は，常に正で，第 3 周期以降だと 5% を超える元素が多く，金より重い元素では 20% を超える．f'' は，大きな傾向として原子番号とともに大きくなるが，Y から Zr の間で大きく減少する．これは，Y まで原子の 1s 電子は MoKα

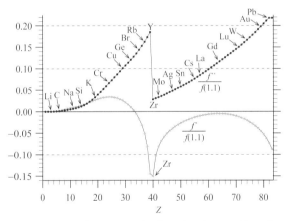

図 3.19 MoKα 線における異常分散項 f'，f'' の f_0 に対する比
f_0 の値は，$p=1.1$，すなわち，$2\theta=46.0°$ での値を用いている．

[†28] すべての原子の原子散乱因子に X 線の波長に依存する項が含まれており，「異常」分散という語は不適切であると考えられている．その代替案として，単に分散，あるいは，共鳴散乱といった語が提案されているが，実態としては「異常分散」が使われている．

線によって自由電子に励起されるが，Zrより重い原子の1s電子は励起できないことに起因する．

異常分散項の中で特に重要であるのは虚数項f''である．これは摩擦の項から生じることからわかるように，試料によるX線の吸収（3.7.5項）を引き起こす原因となっている．もう1つ重要なことは，虚数の項が存在することにより，対称心をもたない構造の場合に，対称心で関係づけられる2つの構造のうち，どちらの構造を試料がとっているかの判別が可能となることで，これは4.9節で述べる．

3.6 原子位置のゆらぎ

3.6.1 原子位置のゆらぎを表す関数

原子は熱振動によって平衡位置を中心としてある範囲に確率的に分布している．いくら温度を下げても，不確定性原理により原子の位置は1点とはならない．原子の置かれているポテンシャルエネルギーは，第1次近似として，平衡点からの距離の2乗に比例していると考えられるが，その場合，原子の振動状態が基底状態にあるならば，原子の位置の分布はガウス関数（3.3.3項）で表される．ガウス関数は，数学的に取り扱いやすいこともあり，X線回折では，原子位置のゆらぎをガウス関数で近似するのが普通である．

原子位置のゆらぎは熱振動が主な原因となっているが，空間的なゆらぎに起因する場合もある．振動によるゆらぎは，古典的に考えれば，時間的にさまざまな位置に原子が存在していて，各瞬間での原子位置を重ね合わせることによって得られる分布である．空間的なゆらぎは，単位胞ごとに原子の位置が少しずつ異なっている場合に，これらを1つの単位胞の中に重ね合わせることによって得ら

れる分布である．これらの違いは，X線回折では区別できない．したがって，空間的な原子位置のゆらぎも含めてガウス関数で近似する．なお，空間的なゆらぎのずれが大きくなり，例えば，はっきりと異なる2ヵ所のどちらかに原子が存在するような場合は，**ディスオーダー**と呼ばれている．ディスオーダーと空間的な原子位置のゆらぎの境界は明確ではない．

ここでは原因が何であるかは問わず，原子位置のゆらぎの関数を $t(\boldsymbol{r})$ で，そのフーリエ変換を $T(\boldsymbol{p})$ で表そう．T は，**デバイ・ワラー因子**（Debye-Waller factor）という．

3.6.2 等方的なゆらぎ

まず，どの方向にも同じ振幅でゆらいでいる，すなわち，等方的なゆらぎの場合を考えよう．以下の計算では，結晶座標系ではなく，長さ1の互いに直交する基底（デカルト座標系）を用いる．等方的なゆらぎを考えているので，座標軸は，互いに直交していれば，どの方向を向いていてもよい．等方的だからデカルト座標系の X, Y, Z の各軸方向で同じ確率分布となり，全体としては，各方向での確率分布の積となる．すなわち，t_1 を標準偏差 σ の1次元ガウス分布（3.3.3項）とすれば，点 (X, Y, Z) に原子が存在する確率分布を表す関数 $t(X, Y, Z)$ は，$t_1(X)t_1(Y)t_1(Z)$ と分解できる．そのフーリエ変換を計算しよう．

$$T = \int_{全空間} t(X, Y, Z) \exp\{2\pi i(Xp_X + Yp_Y + Zp_Z)\} dXdYdZ$$
$$= \int_{-\infty}^{\infty} t_1(X) \exp(2\pi i Xp_X) dX \int_{-\infty}^{\infty} t_1(Y) \exp(2\pi i Yp_Y) dY$$
$$\int_{-\infty}^{\infty} t_1(Z) \exp(2\pi i Zp_Z) dZ$$

このように，T は1次元のガウス関数のフーリエ変換の積となり，

それぞれの積分を式 (3.17) を用いて計算すると,次の結果が得られる.

$$T = \exp(-2\pi^2\sigma^2 p_X{}^2)\exp(-2\pi^2\sigma^2 p_Y{}^2)\exp(-2\pi^2\sigma^2 p_Z{}^2)$$
$$= \exp(-2\pi^2\sigma^2(p_X{}^2+p_Y{}^2+p_Z{}^2))$$
$$= \exp(-2\pi^2\sigma^2 p^2)$$

ただし,

$$p = |\boldsymbol{p}|$$

である(式 (2.14) を用いて計算できる).

この式の σ^2 を U で表し,**等方性原子変位パラメーター**(isotropic atomic displacement parameter)と呼ぶ. U は,原子位置のゆらぎの標準偏差の2乗である. U を使うと,デバイ・ワラー因子は次のように表される.

$$T(p) = \exp(-2\pi^2 U p^2) \tag{3.25}$$

U の代わりに,デバイ・ワラー因子が簡単に表されるように,B で表されるパラメーターが使われることも多い. B と U の間には,$B = 8\pi^2 U$ の関係があり,デバイ・ワラー因子は次のようになる.

$$T(p) = \exp\left(-\frac{Bp^2}{4}\right) = \exp\left\{-\frac{B\sin^2(\theta)}{\lambda^2}\right\}$$

B は等方性温度因子(isotropic temperature factor)と呼ばれることが多いが,温度因子はデバイ・ワラー因子 $T(p)$ を指すという用法もある.また,U を温度因子と呼ぶ場合もあり,原子のゆらぎを表す項とパラメーターの呼び方は混乱状態にある.

式 (3.25) の U にいくつかの値を入れ,p に対してデバイ・ワ

ラー因子 T をプロットしてみると図 3.20 のようになる.原子のゆらぎはガウス分布を仮定しているので,T の分布は,$1/(2\pi\sigma) = 1/(2\pi\sqrt{U})$ を標準偏差とするガウス分布である(式 (3.18)).したがって,T は,p の値が $1/(2\pi\sqrt{U})$ の前後で急速に減少する.例えば,$U = 0.1\,\text{Å}^2$ の原子では,$p = 0.5\,\text{Å}^{-1}$ 付近で急に減少し,この原子の構造因子への寄与が小さくなる.無機結晶では,原子変位パラメーター U が $0.003\,\text{Å}^2$ 以下,すなわち,σ が約 $0.05\,\text{Å}$ 以下の原子も多い.図 3.20 からわかるように,通常の測定の範囲では,このような原子の T は 1 に近い値のままである.

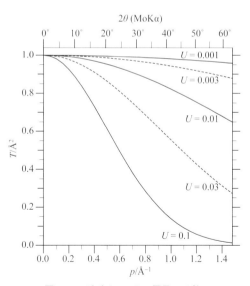

図 3.20 デバイ・ワラー因子 T の値

3.6.3 異方性のゆらぎ

原子のゆらぎの大きさは方向に依存するのが普通である．例えば，2つの金属原子を屈曲して架橋している酸素原子の場合，図 3.21 のように結合に関与する 3 原子の作る三角形の平面に垂直な方向に大きく揺れるのが普通である．このような異方性の位置のゆらぎは，方向ごとに揺れ幅の異なるガウス関数の積として表すことができる．

$$t(X, Y, Z) = C t_X(X) t_Y(Y) t_Z(Z)$$
$$= C \exp\left(-\frac{X^2}{2\sigma_X^2}\right) \exp\left(-\frac{Y^2}{2\sigma_Y^2}\right) \exp\left(-\frac{Z^2}{2\sigma_Z^2}\right)$$

（C は規格化因子）

ただし，このように 3 つの項の積として表せるのは，特別なデカルト座標系をとった場合に限られる．この特別な座標系は，振幅の最も大きい方向，最も小さい方向，および，それらと直交する方向を座標軸としている．これを**主軸座標系**と呼ぼう．σ_X, σ_Y, σ_Z は原子位置の分布の，主軸方向での標準偏差を表している．この関数は 3 つの独立した変数のガウス関数の積であるから，等方性の場

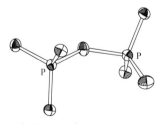

図 3.21 原子位置のゆらぎを示した $P_2O_7^{4-}$ イオンの構造
ORTEPIII プログラムによる描画．楕円体は，その中に原子が存在する確率が 80 %となる大きさである．データは，ICSD 280950（$Co_2P_2O_7$）による．

合と同じように，$t(X, Y, Z)$ のフーリエ変換 T は，それぞれの方向のフーリエ変換によって得られるガウス関数の積となる．

$$T = \exp(-2\pi^2\sigma_X^2 p_X^2)\exp(-2\pi^2\sigma_Y^2 p_Y^2)\exp(-2\pi^2\sigma_Z^2 p_Z^2)$$
$$= \exp\{-2\pi^2(\sigma_X^2 p_X^2 + \sigma_Y^2 p_Y^2 + \sigma_Z^2 p_Z^2)\}$$

これが，X線構造解析で通常想定されている原子位置のゆらぎのモデルである．しかし，構造解析で直接的に得られるパラメーターは $\sigma_X, \sigma_Y, \sigma_Z$ ではなく，**異方性原子変位パラメーター**（anisotropic atomic displacement parameter）と呼ばれる6個のパラメーター U_{jk} で，これを用いると，デバイ・ワラー因子は次のように表される．

$$T = \exp\{-2\pi^2(h^2 a^{*2}U_{11} + k^2 b^{*2}U_{22} + l^2 c^{*2}U_{33} \\ + 2hka^*b^*U_{12} + 2klb^*c^*U_{23} + 2lhc^*a^*U_{31})\} \quad (3.26)$$

この式の U_{jk} が，構造解析の報告にはほとんど常に入っている．U_{jk} と原子のゆらぎとは関係があり，a 軸方向に大きく揺れている場合には U_{11} が大きくなる傾向がある．このため，U_{jj} は j 番目の結晶軸方向のゆらぎの標準偏差の2乗を表すというような誤解をされがちだが，そのような簡単な意味づけはできない．U_{jk} と σ_X, σ_Y, σ_Z の関係は複雑で，専門的な内容となるが，参照すべき教科書がないので，以下に要点を記しておく．

T を，ベクトル・行列で表すために，

$\boldsymbol{p}_D = (p_X, p_Y, p_Z)$ （横ベクトル），

$$D = \begin{pmatrix} \sigma_X^2 & 0 & 0 \\ 0 & \sigma_Y^2 & 0 \\ 0 & 0 & \sigma_Z^2 \end{pmatrix}$$

とおくと，

$$T = \exp\{-2\pi^2 ({\bf p}_{\rm D} \, D \, {}^{\rm t}{\bf p}_{\rm D})/2\}$$

と表すことができる．ここで，${}^{\rm t}{\bf p}_{\rm D}$ の ${}^{\rm t}$ は転置を意味する．一方，構造解析で得られる値は，${\bf a}^*/a^*$，${\bf b}^*/b^*$，${\bf c}^*/c^*$ を基底ベクトルとして用いた場合の D の成分である．この座標系での波数空間の座標ベクトルを ${\bf p}_{\rm S} = (p_x, p_y, p_z)$ とする．主軸座標系からこの座標系への変換行列を Q とすると，2.6 節で述べたように，${\bf p}_{\rm D} = {\bf p}_{\rm S} Q^{-1}$ であるから，${}^{\rm t}(VW) = {}^{\rm t}W {}^{\rm t}V$ という一般則を用いて，${\bf p}_{\rm D} D \, {}^{\rm t}{\bf p}_{\rm D} = {\bf p}_{\rm S} Q^{-1} D \, {}^{\rm t}({\bf p}_{\rm S} Q^{-1}) = {\bf p}_{\rm S} (Q^{-1} D \, {}^{\rm t}Q^{-1}) \, {}^{\rm t}{\bf p}_{\rm S}$ と変形できる．ここで $A = Q^{-1} D \, {}^{\rm t}Q^{-1}$ とおけば，$T = \exp\{-2\pi^2 ({\bf p}_{\rm S} A \, {}^{\rm t}{\bf p}_{\rm S})/2\}$ と表され，この A が (U_{ij}) を成分とする対称行列である．T は，波数空間での連続的な分布であるが，構造解析においては回折 hkl の構造因子の一部として現れ，$p_x = ha^*$，$p_y = kb^*$，$p_z = lc^*$ での値が必要であり，これを代入すると，先の式 (3.26) が得られる．

以上は，波数空間で主軸座標系から ${\bf a}^*/a^*$，${\bf b}^*/b^*$，${\bf c}^*/c^*$ への座標変換であったが，これに伴って実空間の分布関数 t がどのように変換されるかを見よう．まず，主軸座標系で t をベクトルと行列を用いて表そう．

$$D^{-1} = \begin{pmatrix} 1/\sigma_X^2 & 0 & 0 \\ 0 & 1/\sigma_Y^2 & 0 \\ 0 & 0 & 1/\sigma_Z^2 \end{pmatrix}$$

となるので，

$$\boldsymbol{x}_{\rm D} = {}^{\rm t}(X, Y, Z)$$

とおけば，

$$t = C \exp\left\{-\frac{{}^t\boldsymbol{x}_\mathrm{D} D^{-1} \boldsymbol{x}_\mathrm{D}}{2}\right\}$$

と表すことができ,これを変換行列 Q を用いて座標変換すればよい.ただし,座標変換先の基底ベクトルは,波数空間の基底ベクトル $\boldsymbol{a}^*/a^*$, $\boldsymbol{b}^*/b^*$, $\boldsymbol{c}^*/c^*$ に対応する実空間のベクトルであるから,$a^*\boldsymbol{a}$, $b^*\boldsymbol{b}$, $c^*\boldsymbol{c}$ となる[†29].この座標系での座標ベクトルを $\boldsymbol{x}_\mathrm{S}$ で表せば,

$$\boldsymbol{x}_\mathrm{D} = Q\boldsymbol{x}_\mathrm{S}$$

であるから,

$${}^t\boldsymbol{x}_\mathrm{D} D^{-1} \boldsymbol{x}_\mathrm{D} = {}^t(Q\boldsymbol{x}_\mathrm{S}) D^{-1} Q\boldsymbol{x}_\mathrm{S} = \boldsymbol{x}_\mathrm{S} ({}^tQ D^{-1} Q) \boldsymbol{x}_\mathrm{S}$$

となる.ここで,

$$(VW)^{-1} = W^{-1} V^{-1}$$

という一般則があるので,

$$A^{-1} = (Q^{-1}\, {}^tD\, {}^tQ^{-1})^{-1} = {}^tQ D Q$$

となることを使えば,

$$t = C \exp\left\{-\frac{{}^t\boldsymbol{x}_\mathrm{S} A^{-1} \boldsymbol{x}_\mathrm{S}}{2}\right\}$$

が得られる.したがって,実空間での分布関数の係数と,A の成分である U_{ij} の値とは,逆行列を通しての関係となる.

---

†29 式2.11で $\boldsymbol{a}$, $\boldsymbol{b}$, $\boldsymbol{c}$ と $\boldsymbol{a}^*$, $\boldsymbol{b}^*$, $\boldsymbol{c}^*$ を,すべて入れ替えた式が成立することから導くことができる.

実際には，式 (3.26) の U_{jk} が構造解析から得られる値であり，原子位置のゆらぎを調べるためには，これから，物理的に意味のある σ_X, σ_Y, σ_Z を求めなければならない．しかし，主軸座標系がどの方向にあるかはわからないので，まず，いったん中間的なデカルト座標系に変換する．変換行列を P，中間的なデカルト座標系での座標を $\boldsymbol{p}_\mathrm{i}$ としよう[†30]．2.6 節の結果を用いれば，

$$\boldsymbol{p}_\mathrm{s} = \boldsymbol{p}_\mathrm{i} P^{-1}$$

だから，

$$\boldsymbol{p}_\mathrm{S} A^\mathrm{t} \boldsymbol{p}_\mathrm{S} = \boldsymbol{p}_\mathrm{i} P^{-1} A^\mathrm{t}(\boldsymbol{p}_\mathrm{i} P^{-1}) = \boldsymbol{p}_\mathrm{i} (P^{-1} A^\mathrm{t} P^{-1})^\mathrm{t} \boldsymbol{p}_\mathrm{i}$$

となるので，この座標変換によって，A は対称行列 $P^{-1}A^\mathrm{t}P^{-1}$ に変換される．この対称行列の固有値が求めるべき σ_X, σ_Y, σ_Z であり，固有ベクトルが，中間的なデカルト座標系で表した主軸座標系の座標軸の方向を表す．

3.7 X 線構造解析の実際

3.7.1 構造因子のまとめ

3.4～3.6 節で述べた構造因子に関する結果をまとめると図 3.22 のようになって，構造因子は式 (3.27) で与えられる．

$$F_{hkl} = \sum_j f_j(p) \exp\{2\pi i (hx_j + ky_j + lz_j)\} T_j \tag{3.27}$$

もし，座標の原点が対称心であれば，式 (3.27) は次のように簡単になる．

[†30] 例えば，x 軸は結晶軸の $\boldsymbol{a}$ 方向，y 軸は ab 面内で，x 軸に垂直な方向，z 軸は $\boldsymbol{c}^*$ 方向としてとればよい．

3.7 X線構造解析の実際　107

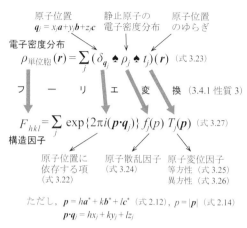

図 3.22　電子密度分布関数と構造因子の関係（まとめ）

$$F_{hkl} = \sum_j f_j(p)\cos\{2\pi(hx_j + ky_j + lz_j)\} T_j$$

　構造解析で決定すべきパラメーターは，原子1個につき3個の位置座標 x_j, y_j, z_j と，原子変位パラメーターである．後者は，等方性の場合は原子1個あたり1個，異方性の場合は6個ある．ただし，対称性を持つ位置（特殊位置という）にある原子では，位置座標，異方性原子変位パラメーターとも，これよりも少なくなる（4.7.4項）．

3.7.2　X線回折測定のあらまし

　構造因子を使って構造解析を行うわけだが，単結晶X線回折測定装置を使って直接的に得られる値は，各回折のX線の相対強度である．回折X線の強度は，構造因子の絶対値の2乗 $|F_{hkl}|^2$ と入射X線の強度の積に，ローレンツ因子，偏光因子と呼ばれる係数

が掛けられた値となる．

X線測定では，結晶やX線検出器をゆっくり動かしながら測定して，測定強度の積分を得るのだが，回折X線のビームの中を検出器が動いていく方向・速度に依存して，積分値が異なってくる．この補正が**ローレンツ因子**である．

また，結晶でX線が回折される際，結晶面の法線方向に対するX線の振幅の向きによって，その回折強度が変化する．単結晶X線回折で用いられるX線は，特定の波長だけを選んで用いるため，モノクロメーターと呼ばれる装置が用いられる．この装置の中身は単結晶（グラファイトが普通）で，回折条件を満たす波長のX線だけを取り出すようになっており，この単色化の過程でX線は偏光することになる．このため，回折強度は，モノクロメーターの向きや，回折X線の回折角，回折する結晶面の向きなどに依存して強度が変化する．これに対応する補正が**偏光因子**である．

ローレンツ因子・偏光因子は回折装置に依存するため，通常は，これらの補正は，装置に付属するコンピューターで行われ，利用者が測定データとして得るのは，構造因子の絶対値 $|F_{hkl}|$（あるいは，その2乗の値）とその測定値について推定されるばらつきの標準偏差（$\sigma(|F_{hkl}|)$，あるいは，$\sigma(|F_{hkl}|^2)$）である．これとともに，ある程度の強度を持つ回折の角度を正確に測定することによって得られる格子定数が，測定装置から得られる基礎的なデータである．

このほか，無機結晶で特に重要であるのが**吸収補正**のためのデータである．X線は，結晶により吸収される．結晶は，入射X線も回折X線も吸収するので，結晶内でX線が通過した距離に応じて吸収が起こる．X線が通過する距離は結晶の形とX線が結晶に入射した方向と位置に依存する．吸収補正は，いろいろな方法が試み

られたが，結局，精密に結晶の形を測り，そのデータと，各回折の強度を測定する際に結晶が向いていた方向のデータをあわせて吸収を計算する方法が標準的になっている．この吸収補正のためのデータも測定データの一部として必要になる．

3.7.3 準備作業と初期位相決定のあらまし

さて，適切に吸収補正された測定データが得られたとしよう．構造解析の最初に行う作業は空間群の決定であるが，これは次章で述べる．実際には，空間群を1つだけに絞ることができず，複数の空間群について解析してみて，その結果から空間群を判断することも多い．

いずれにしても，空間群を1つ仮定して，構造解析を開始する．その第1段階は初期位相の決定である．繰り返し述べているように，測定によって構造因子の絶対値は得られるが，構造因子の位相は測定できない．もし，重い原子のおよその位置が推定できれば，各構造因子の位相を，それらの重原子だけを用いたフーリエ変換で計算し，これと観測された構造因子の絶対値を組み合わせて，電子密度分布を計算することができる．これを**フーリエ合成**という．計算された電子密度分布から，今までわからなかった原子の位置を求めることができ，そのデータを組み込めば，より精密に構造因子の位相を推定できる．この作業を繰り返せば，順次，原子の位置を決めていくことができる．

問題は，最初にどのように重い原子の位置を決めるかである．かつては，いろいろな方法で苦労してこの段階を突破したが，最近は，**直接法**と呼ばれる方法を使えば，かなり高い確率で初期位相を決定できる場合が多い．直接法は，いくつもの構造因子の位相の値に関係があることを用いて確率的に位相を決めていく方法である．

この計算は複雑で，プログラムの利用者側から見れば，ブラックボックスとして機能する．

3.7.4 精密化のあらまし

およその構造が決まった後は構造の精密化となる．これは，観測された $|F_{hkl}|$ （または $|F_{hkl}|^2$）の観測値と測定値とができるだけ一致するように，各原子の位置や原子変位パラメーターを微調整することである．「観測値と計算値をできるだけ一致させる」という作業は，重み付きの最小2乗法と呼ばれる手法で計算する．つまり，測定値と計算値の差の2乗和

$$\sum_{h,k,l} w_{hkl}(c|F_{hkl}^{o}| - |F_{hkl}^{c}|)^2$$

あるいは，

$$\sum_{h,k,l} w_{hkl}(c|F_{hkl}^{o}|^2 - |F_{hkl}^{c}|^2)^2$$

が最小となるようにパラメーターを調整する．ここで，$|F_{hkl}^{o}|$ と $|F_{hkl}^{c}|$ は，それぞれ，測定された構造因子の絶対値と計算で求めた構造因子の絶対値である．また，w_{hkl} は**重み**で，原則としては，$1/\sigma(F_{hkl})^2$ に等しいとする．精密化の作業では，いろいろな選択肢があり，それらの選択にあたっては，いろいろ試行錯誤が必要なことが多い．それとともに，測定データのばらつきや最小2乗法についての知識が必要となってくるが，これらを説明するには相当なページを要するので，本書では述べない．

3.7.5 X線の吸収

以上のようにして構造解析が進むわけだが，多くの場合，最も重要で困難なのは，適切な単結晶を作成し，選ぶことである．特に，

重原子を多く含む化合物の場合には，X線の**吸収**の問題があって，とりわけ難しい．というのは，単位長さあたりの吸収が2倍になると，同じ吸収の結晶で測定するには，結晶の大きさを，長さで半分にしなければならない．ところが，長さが半分になると，結晶の体積は1/8となり，もし，原子散乱因子が同じであれば，回折X線の強度も1/8となってしまうからである．原子散乱因子は原子番号に比例して大きくなるが，重元素では，吸収を抑えるために必要となる結晶の大きさの制限の効果のほうがずっと上回ってしまうのである．

結晶によるX線の吸収は，可視光の吸収と同じようにランベルト・ベールの法則に従う．このため，強度I_0のX線が，結晶中で距離Lだけ進むと，その強度は，$I_0 \exp(-\mu L)$に従って減少する．ここで，μは結晶の線吸収係数であり，結晶中に含まれる元素が，1個あたり吸収する能力σ_jとその個数密度の積で与えられる．各原子の個数密度は，1つの単位胞に含まれる原子数n_jを単位胞体積Vで割ることで得られるから，線吸収係数は次のようになる．

$$\mu = \frac{1}{V} \sum_j n_j \sigma_j$$

ここで，σ_jは面積の次元を持ち，X線の波長と原子の種類に依存する．この物理量は，*International Tables for Crystallography*, Volume C では total photon interaction cross section という名称となっており，その値がbarn（$=10^{-28}\mathrm{m}^2$）を単位とする表として掲載されている．日本語訳は定まっていないようであるが，X線吸収断面積といった名称が使われている．

X線の吸収の原因はいくつかあるが，構造解析で使われるX線の場合に最も寄与が大きいのは，電子の状態が変化することによるもので，異常分散の虚数項f''（図3.19）が生じるのと同じ原因であ

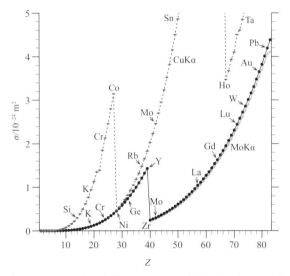

図 3.23　各原子の CuKα 線（菱形）および MoKα 線（円）に対する X 線吸収断面積（黒色のプロット）
灰色のプロットは，MoKα 線の場合に異常分散項 f'' が原因となっている吸収断面積で，ほとんど吸収断面積全体の値と重なっている．

る．この効果の σ_j への寄与は，X 線の波長 λ，原子の古典的半径 r_e，($= 2.8179403 \times 10^{-15}$ m) を用いて，$2r_e \lambda f''$ で与えられる．図 3.23 で示されるように，MoKα 線の場合，物質による吸収のほとんどがこの f'' に直結した効果によるものである．また，図 3.23 からわかるように，CuKα 線を用いると，第 3 周期後半以降，吸収が非常に大きい元素が多くあるので，これらの元素を含む結晶の場合，通常は，MoKα 線を用いるほうがよい回折データが得られる．

　吸収があると，回折ごとに吸収される割合が異なるので，それを補正する必要がある．吸収補正は，結晶の形に依存する．もし，結

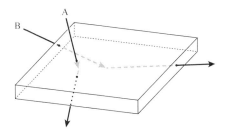

図 3.24 平板状結晶による X 線の吸収
A のように平板を表裏に貫く回折は,結晶中の経路が短く,吸収が少ない.B のように,平板に平行に進む回折は結晶中の経路が長く,吸収が大きい.

晶が球形であれば,どの回折も同じだけ吸収されるので補正の必要はない.しかし,平板状であれば,図 3.24 に示すように,回折によって大いに吸収が異なってくる.したがって,大きな吸収が見込まれる物質の構造解析では,結晶を作成する段階から,大きさや形を意識する必要がある.

吸収が大きそうな物質の構造解析では,物質の組成から吸収の問題がどの程度かを予測できるのが便利である.そのために,例えば,その物質を X 線が通過するとき,10% にまで X 線が減少する長さを求めてみよう.10% という数字は特別な理由があるわけではないが,最も長い経路で X 線が通過しても 10% に減衰する程度であれば,補正を正しく行えば,何とか正しい強度データが得られるだろう.ただし,これは結晶の形に強く依存する.また,薄片状の場合には,結晶の厚みの測定精度が吸収補正の正確さを決定する最も重要なファクターとなるが,実際には,非常に薄い結晶の厚みを正確に測ることは,なかなか難しい.図 3.25 は,結晶が 1 種類の元素だけが X 線(MoKα 線)を吸収するとして,10% に減衰する距離を,原子の個数密度 n/V を変えながら計算した結果である.

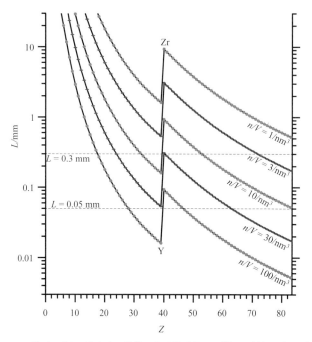

図 3.25　X線が10%に減衰する距離 L を原子番号 Z に対して対数目盛でプロットしたグラフ

n/V は個数密度.

　個数密度は，格子定数と組成がわかっていれば簡単に計算できるが，格子定数がわかっていなくても，個数密度はよく似た化合物の値からある程度推測できる．単体では，$30\sim80/\mathrm{nm}^{-3}$ 程度であり，酸化物では，陽イオン全体で $30/\mathrm{nm}^{-3}$ 程度である．複数の陽イオンからなる酸化物では，比率を掛けることで，X線の吸収の大きい元素の個数密度の概算ができる．

無機化合物の単結晶構造解析で用いられる結晶は，通常，0.3 mm 以下であることが多いので，図 3.25 でグラフが $L=0.3$ mm よりも上にしか来ない元素から構成されている物質の場合には，吸収補正が可能な測定環境であれば，大きな問題ではないだろう．一方，$L=0.05$ mm より下に来る元素を含む化合物の場合，吸収によって X 線の強度が 10% 以下にならないようにするためには結晶の大きさを 0.05 mm 以下にしなければならず，回折強度が非常に弱くなる可能性が高い．質の高い回折データを得るためには，最適の大きさ・形の結晶を選び，強力な X 線源，長い測定時間を使った測定を行うことが必要となってくる．

第4章

結晶構造の対称性

4.1 結晶構造における対称操作

　結晶構造には必ず並進対称性があるが,それ以外の対称性も持っている.特に無機化合物では,有機化合物に比べ,はるかに多くの種類の対称性が出現する.対称性の高い構造では,対称性が決まれば,ほとんど構造が決まってしまう場合もある.例えば,図4.1に示した結晶構造は非常に複雑であるが,酸素原子1個の位置が決まれば,すべての原子の位置が決定されてしまう.酸素以外の原子は対称性の高い位置に固定されており,酸素原子はすべて対称操作

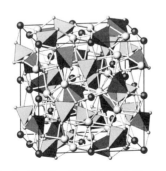

図4.1　$Fe_3Al_2Si_3O_{12}$(ザクロ石の1つ)の単位胞
四面体 SiO_4,濃い灰色の球 Al,薄い灰色の球 Fe.この結晶構造では,可変な座標パラメーターは,酸素原子1個の x, y, z 座標だけである.

で結びつけられているからである．このような結晶構造を理解し，記載するためには，対称性に関する知識が必須である．また，無機化合物の結晶構造では，対称性の決定が微妙で，ソフトウェアに頼り切れない場合が多くあり，対称性についての表面的な理解だけでは対応できない．

1.1節で述べたように，対称操作とは，その操作を行っても元とそっくり同じに見える幾何学的な操作である．そして，すべての対称操作の集合が，分子や結晶構造の持つ対称性である．1個の多原子分子（直線分子を除く）の場合，その対称操作は有限個しかない．しかし，結晶構造の場合，並進対称操作は無限にある．また，並進以外の対称操作が，1つでも存在すれば，それと並進対称操作と組み合わせた操作も対称操作となるため，無限に増加することになる．

本書では，並進対称操作以外の結晶構造の対称操作を**《対称操作》**と表記することとする．実際のところ，結晶構造では，並進対称操作は必ず存在する対称操作であり，特に対称操作として意識されることは少ないので，結晶構造の分野で単に対称操作といえば，《対称操作》を指すことが一般的である．

結晶構造の《対称操作》を考える準備として，まず，分子1個の場合について対称操作を考えよう．分子の重心は，1点しかないから，対称操作で移動する行き先は，元の位置しかない．すなわち，分子の重心は，いかなる対称操作でも動かない点であり，重心を中心として，それ以外の位置にある原子が動くことになる．

1つの分子のあらゆる対称操作の集合を考えよう．ただし，この集合には，全く動かさない操作（恒等操作）も含めて考える．2つの対称操作を順に行った操作をまとめて1つの操作と見ると，これもまた対称操作となっている．対称操作を順に行うことを対称操

作の演算と考えれば，対称操作の集合の元はどの組合せでも演算ができる．

数学では，演算（○）が定義されている集合 G が次の条件を満たす場合，この集合を**群**（group）と呼ぶ．

(1) 結合則が成立する．すなわち，a, b, c を G の任意の元とすれば，$a \circ (b \circ c) = (a \circ b) \circ c$ である．
(2) 次の性質を満たす単位元 e が存在する．$a \circ e = e \circ a = a$
(3) 任意の元 a に，その逆元 a^{-1} が存在し，次の等式を満たす．

$$a \circ a^{-1} = a^{-1} \circ a = e$$

分子の対称操作の集合では，単位元を恒等操作と考え，逆元を逆向きの操作と考えれば，これらの条件をすべて満たしており，群となっている．この対称操作の作る群の特長は，少なくとも1点が移動しない対称操作の集合である．このため，この群を**点群**（point group）と呼ぶ．また，点群に含まれる対称操作，すなわち，**少なくとも1点は固定されているような対称操作を点群対称操作**と呼ぶ．点群対称操作は，固定された直線の回りの回転や，固定された平面について鏡で映すような操作であり，固定された平面，直線，あるいは，点が操作を規定するために存在する．このような対称操作を規定する平面，直線，点を**対称要素**と呼ぶ．

結晶構造にも《対称操作》，対称要素が存在する．分子の場合と異なるのは，結晶構造が並進対称性を持つため，対称要素も並進対称性をもった配列となっていることである．また，結晶構造の《対称操作》には，点群対称操作以外のものがあり，これについては4.3節で扱う．

個々の結晶構造が持つ対称操作の集合は，並進対称操作と《対称

操作》を合わせたもので，これら全体が群を作っている．例えば，並進対称操作を行った後，点群対称操作を行っても，それは1つの対称操作となる．結晶構造の持つ対称操作の作る群を，2次元の場合には**平面群**（plane group），3次元の場合には**空間群**（space group）と呼んでいる．平面群は17種類，空間群は230種類ある．

4.2 点群対称操作

4.2.1 2次元空間の対称要素

まず，2次元の点群対称操作について簡単に見ておこう．2次元の場合の対称要素は2種類だけである．

回転点（rotation point）：回転点に対応する対称操作は，N を整数として，点の回りで $360°/N$ 回転する操作である．ここで，N は自然数で，回転点の次数といい，また，N の値に応じて，回転点を1回回転点，2回回転点，…と呼ぶ．一般的な点群操作としては，N はどんな自然数でもよいが，図4.2に示すように，並進対称操作と共存するためには，N は1, 2, 3, 4, 6に限られる．この中で，1回回転点は $360°$ の回転，すなわち，元のままという操作（恒等操作）を意味し，どんな形の物体でも持つ対称操作である．1回回転点という対称要素を考える必要はないのだが，恒等操作（＝何もしない操作）を表すのに1回回転点に対応する1という記号を使う．

2回回転点の場合，対称操作は軸の回りの $180°$ 回転のみだが，3回以上の回転点の場合は，対称操作は複数ある．例えば，3回回転点に対応する対称操作は，軸のまわりの1/3回転（$120°$ 回転）と2/3回転（$240°$ 回転）の2つである．

鏡線（mirror line）：対称要素は直線で，m で表す．この対称要素による操作は，m について対称な位置，すなわち，図4.3に示すよ

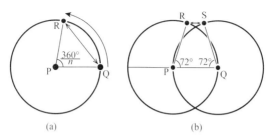

図 4.2　結晶構造で回転点の種類が限られる理由

n 回回転点の存在する任意の点を P とし，P を含む格子点の配列を考え，P に最も近い格子点を Q とする．仮定より，PQ よりも短い格子点間距離が現れてはならない．(a) Q を P の回りで $360°/n$ 回転して生じる格子点を R とすると，QR は，PQ より長くなければならないので，$n≤6$ である．(b) $n=5$ であると仮定する．Q は，P と等価な点だから，やはり 5 回回転点である．Q の回りで，P を $-72°$ 回転して生じる格子点を S とすると，RS は PQ よりも短くなってしまうので，5 回回転点は並進対称性と両立しない．

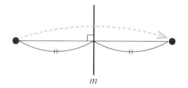

図 4.3　2 次元の鏡映操作

うに，平面上の各点を m までの距離と同じだけ，m の向こう側に移す操作である．

　以上が，2 次元で，並進対称操作と共存できる点群対称要素であって，記号で表せば，$1, 2, 3, 4, 6, m$ の 6 種類である．ただし，このうち，1 は恒等操作である．

　2 次元の対称操作により直角三角形がどのように移動するかは，図 4.22 (a)〜(f)（後掲）に示されている．

4.2.2 3次元空間の対称要素

3次元の場合,回転軸・鏡面は2次元の回転点・鏡線とほぼ同じだが,新たに,2種類の対称要素が現れる.

回転軸(rotatation axis)(図 4.4):2次元の回転点と同様に,対応する対称操作は,軸のまわりで $360°/n$ 回転する操作である. 1, 2, 3, 4, 6 の5種類の回転軸が並進対称性と共存可能である.

鏡面(mirror plane あるいは reflection plane)(図 4.4 (f)):対称要素は平面で,m で表す.対応する対称操作は,鏡面の位置に鏡があったとして,その鏡に映っている像の見かけの位置に物体を移す操作で,**鏡映**(reflection)と呼ぶ.人間も含め,ほとんどの動物の外形は,左右が同じ形,つまり鏡面を持っている.そのせいか,多くの人にとって最も見つけやすい対称要素である.しかし,

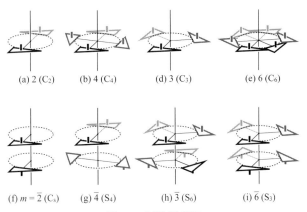

(a) 2 (C_2) (b) 4 (C_4) (d) 3 (C_3) (e) 6 (C_6)

(f) $m = \bar{2}$ (C_s) (g) $\bar{4}$ (S_4) (h) $\bar{3}$ (S_6) (i) $\bar{6}$ (S_3)

図 4.4 点群対称要素
対称要素が存在する場合に,縦棒のついた直角三角形の配列がどのようになるかを示した.( )内はシェーンフリースの記号.

この操作で，左手は右手に移るわけで，鏡映操作は単純に物体を移動する操作ではなく，実際にこの操作を実行することはできない．

対称心（inversion center あるいは center of symmetry）：この対称要素は点で，$\bar{1}$で表す．対応する対称操作は**反転**（inversion）といい，各点を対称心のちょうど反対側の位置に移す操作である．図4.5(a)に示すように，移す前の点と移した後の点は対称心を挟んで直線上にあり，また，それぞれの原子から，対称心までの距離は等しい．つまり，対称心のある分子では，常に等価な原子が対称心を挟んで等距離の位置に存在する．対称心をもつ構造を中心対称的な構造ともいう．

反転操作は，その途中段階を考えようとすると，各原子が対称心に向かって集中していき，反対側に通り抜けていくことになり，回転操作のように同じ形のまま移動していくのではない．このためか，対称心の存在はわかりにくく，対称心を持つ物体は，何か対称性があるような気がするが，はっきりと言えない，といった感じがある．

対称心の有無を調べるには，対称心の両側で，等距離のところに

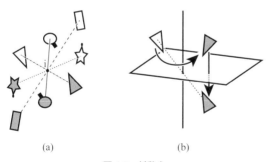

図 4.5 対称心
(a) 対称心のある配置．(b) 反転操作を180°回転と鏡映の組合せと考える．

全く同じものが配置されているかどうかを調べるのが定義に基づいた方法だが，別の方法もある．それは，図 4.5(b) に示すように，対称心を通る任意の軸の周りで 180°回転し，そのあと，この軸に垂直で対称心を通る面で鏡映すると，元と等価な点に移るかを調べることである．これは，180°回転と鏡映を組み合わせると（順序は問わない），反転操作を行ったのと同じになるからである．

回反軸（rotoinversion axis）（図 4.4）：回反軸に対応する対称操作は回反と呼ばれ，N を自然数として，$360°/N$ 回転を行い，引き続き，反転するひと組の操作である．操作の順序を逆にし，反転してから回転を行っても同じ結果となる．回反軸は，直線と直線上の点が組となった対称要素である．回反軸は，N の値により無数に多くの種類があるが，並進対称操作と共存するのは，回転軸の場合と同じように，1, 2, 3, 4, 6 回の回反軸だけで，これらを，それぞれ，$\bar{1}, \bar{2}, \bar{3}, \bar{4}, \bar{6}$ で表す[†31]．

1 回回反軸による対称操作は，360°回転してから反転する操作であるから，反転そのものと同じである．このため，対称心は $\bar{1}$ という記号で表される．また，2 回回反軸による対称操作は，180°回転してから反転する操作で，これは，回反軸に垂直な面で鏡映するのと同じ操作となる．2 回回反軸 $\bar{2}$ という用語・記号は，通常は使われず，鏡面 m として扱われる．

4.2.3 単純な対称要素の組合せ

点群対称操作を続けて行うとどのような操作となるかは，図を描

[†31] 分子の対称性を表すのによく使われるシェーンフリースの記号では，回反軸ではなく，回映軸を考える．これは回転と鏡映とを組み合わせた対称操作である．回反軸と回映軸の関係は，N 回回映軸を S_N で表すと次の通りである．$\bar{1}=S_2$, $\bar{2}=S_1$, $\bar{3}=S_6$, $\bar{4}=S_4$, $\bar{6}=S_3$.

けばわかるが，なかなか難しい．数式で処理すると間違いが少ない．

　点群対称操作を数式で表す場合には，対称操作を行う点の結晶座標を，対称操作後の点の結晶座標に変換する3×3の行列が用いられる．結晶座標系を用いれば，この行列は，各要素が0，−1，1のいずれかという簡単な行列である．2つの対称操作を続けて行った結果もまた対称操作であるが，この対称操作の行列は，最初の操作の行列に，2番目の操作の行列を左から掛けて得られる行列となる．つまり，対称操作を組み合わせることと行列の積とがパラレルの関係にあり，対称操作を定量的に表すのに都合がよい．また，この行列の行列式は，回転操作なら1，反転・鏡映・回反操作なら−1である．つまり，右手が右手に移る操作は行列式が1，右手が左手に移る操作は−1である．

　以上は，一般論であるが，これを簡単な対称操作に適用してみよう．結晶構造の対称要素として最もよく出てくるのが，結晶軸方向の2回軸や鏡面と，対称心である．これらは，2回同じ操作を繰り返すと元へ戻るという共通の性質を持つ．これらの対称操作の行列の場合には，積を暗算で計算できる．というのは，これらの対称操作の行列は，対角成分が1か−1である対角行列であり，対角行列の積は，単純に対応する対角成分を掛け合わせるだけだからである．

　まず，これらの対称操作の対角成分を，本書で用いる記号とともに，示そう（非対角成分は，すべて，0である）．

a 軸に垂直な鏡面：　　(m_a)　　$(-1, 1, 1)$
a 軸方向の2回回転軸：(2_a)　　$(1, -1, -1)$

他の軸についても同様である．つまり，j 番目の結晶軸に垂直な

鏡面の行列の対角成分は，j 番目の要素が -1 で他は 1 である．また，j 番目の結晶軸に平行な 2 回回転軸については，j 番目の要素が 1 で他は -1 である．対称心と恒等操作については，次の通り．

対称心： $(\bar{1})$　$(-1,-1,-1)$
恒等操作：(1)　$(1,1,1)$

同じ操作を掛け合わせると恒等操作になることは，対角成分の 2 乗が 1 となることからすぐわかる．

$$(m_a)(m_a)=(2_a)(2_a)=(\bar{1})(\bar{1})=(1)$$

異なる操作の積は，いろいろな組合せがあるが，簡単に計算でき，図 4.6 の通りとなる．

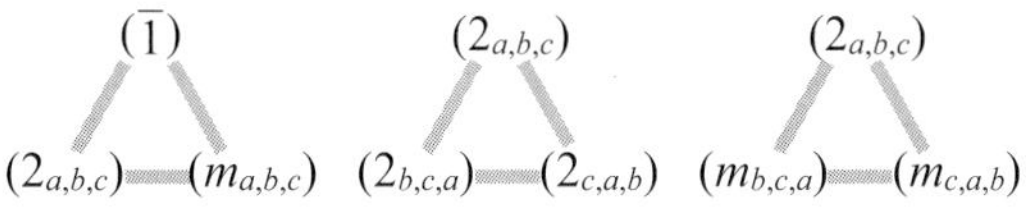

$$
\begin{array}{ccc}
(\bar{1}) & (2_{a,b,c}) & (2_{a,b,c}) \\
(2_{a,b,c})\text{―}(m_{a,b,c}) & (2_{b,c,a})\text{―}(2_{c,a,b}) & (m_{b,c,a})\text{―}(m_{c,a,b})
\end{array}
$$

図 4.6　結晶軸方向の単純な対称操作の積

各 3 角形の頂点の任意の 2 つ対称操作の積を取ると，第 3 の頂点の対称操作となることを示す．ただし，各頂点について，軸方向を示す a, b, c の配列から，同じ位置にある記号を選ぶ．例．右端の 3 角形を使えば，$(2_a)(m_b)=(m_c)$，$(m_c)(m_a)=(2_b)$ などが得られる．

4.3　並進を伴う《対称操作》

4.3.1　《対称操作》であるための条件

孤立した分子の場合，中心となる点は 1 点しかないので，《対称操作》によって動いてはならず，対称操作は点群対称操作に限られる．しかし，結晶構造の場合には，並進対称性があるので，どの点

についても等価な点が格子点として配列している．このため，「《対称操作》は，少なくとも1点は動かさない」という点群対称操作の条件は少し緩和され，何回か《対称操作》を繰り返すと，結晶構造全体が，元の点から並進対称操作で関係づけられる配置へ平行移動する場合には，結晶構造としては，元の構造に戻ったのと同じであり，このような操作は《対称操作》の1つとなる．

結晶構造における《対称操作》であるためには，さらに，「同じ操作を繰り返して，結晶構造の持つ並進対称操作とは異なる並進操作が発生してはいけない」という条件もある．なぜなら，並進対称操作をすべて考えた上で，それ以外の操作として《対称操作》を考えるというのが前提だからである．したがって，点群対称操作以外の《対称操作》は，結晶の向きが変化するとともに，全体として並進移動するような操作であり，その操作を繰り返して結晶の向きが元の向きに戻ったときに結晶格子の並進対称操作分だけ動くことになる．このような点群対称操作以外の《対称操作》を表す言葉がないので，ここでは**並進を伴う**《**対称操作**》と呼ぶこととする．ここでの並進は，結晶構造の持つ並進対称操作ではなく，ベクトルで表せば，その成分は，結晶座標系で分数で表される．

4.3.2 並進を伴う《対称操作》

まず，簡単な2次元空間の場合から述べよう．2次元の場合には，並進を伴う《対称操作》は1種類しかなく，**映進** (glide) 操作と呼ばれていて，記号は g である．これは図4.7(a) に示すように，いずれかの格子ベクトルを a とすると，a と平行な直線での鏡映と $a/2$ だけの平行移動を組み合わせた操作である．鏡映と平衡移動はいずれを先に行っても同じ結果となる．この操作を2回繰り返すと，元と同じ向きになるとともに，ちょうど a だけ平行移動

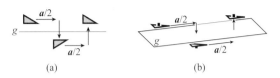

図 4.7 映進操作
(a) 映進線 (2次元), (b) 映進面 (3次元).

することとなるので,並進対称操作と共存できることが確かめられる.

3次元空間の場合には,2種類の並進を伴う《対称操作》が存在する.

映進面 (glide plane): 2次元の場合の映進線と同じように,鏡映操作と格子ベクトルの半分だけ動かす操作の組合せである (図 4.7). 映進面は,鏡映する面と並進移動する方向の2つの要素を持つが,結晶学では並進移動する向きの記号で映進面を表す. 映進面は,並進移動の方向が結晶軸に平行な場合はその軸の記号

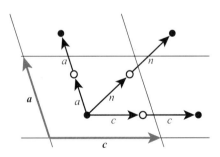

図 4.8 映進操作の名前と並進方向
●と○は,紙面上の映進面に対し上下逆の位置にある.

(a, b, c) で表し，対角線方向であればnで表す（図4.8）．さらに，dやeで表される映進面があり，これらは4.5節で述べる．

らせん軸（screw axis）：回転軸と並進移動を組み合わせた対称操作がらせん軸である．回転軸の次数をNとすれば，N回同じ回転操作を繰り返すと元の向きに戻るので，並進移動もN回繰り返すと並進対称操作にならなければならない．したがって，1回の操作で，$1/N$回転し，k/N（kは自然数）だけ結晶軸方向に並進移動すればよい．ここで，kとしてNより大きい整数を使っても，並進対称操作と組み合わせるとNより小さいkの値の場合と同じ操作を与えるので，kとしてはNより小さい数を考えるだけで十分である．kが2以上の場合，回転操作が一周するのは，並進操作が2以上進んだところであるので，等価点は間延びしたらせんを作るが，これらの等価点を結晶の並進対称操作を用いて1つの単位胞に戻してやると，図4.9のような思いがけない配列となる．らせん軸の記号はN_kという形で表し，2_1，3_1，3_2，4_1，4_2，4_3，6_1，6_2，6_3，6_4，6_5という11種類がある．このうち，3_1と3_2，4_1と4_3，6_1と6_5，6_2と6_4は，それぞれ，左回りと右回りの関係にあり，別扱いにするものの，本質的には同じものである．

4.3.3 《対称操作》の組合せ

4.2.3項で，結晶軸方向の2回回転軸，鏡面，対称心による操作を組み合わせると，結果として，やはり，これらの対称要素による別の操作が生じてくることを述べた．これは，対称要素がすべて，原点を通る場合であった．しかし，結晶構造では，対称要素が原点を通るとは限らない．そうすると，もう少し複雑なことが起こるよ

130 第 4 章 結晶構造の対称性

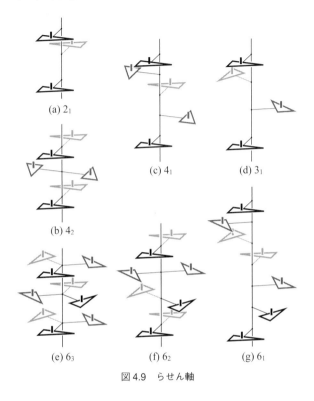

図 4.9 らせん軸

うになる．例えば，鏡映と，鏡面と平行だが鏡面とは離れている 2 回回転軸による回転操作を組み合わせると，その結果は，映進面になる．つまり，結晶構造での対称操作を考えると，4.2.3 項で述べたように 2 回回転軸，鏡面，対称心だけでは閉じておらず，映進面と 2 回らせん軸も一体となって，組合せの対称操作が生じている．これらの対称要素の組合せは頻繁に出現するが，図で描いてみてもわかりにくく，行列とベクトルを用いて計算するのが比較的簡

単である．ここでは，1つの例について，どのように結果が導かれるかを示そう．この部分は，X線構造解析で必須の知識ということではないので，少し圧縮した説明となっている．また，スペースの節約のため，転置の記号 ^{t} を用いて，縦ベクトルを ^{t}(横ベクトル) で表す．

並進を伴う《対称操作》は，点群対称操作を表す行列 W に並進操作を表すベクトル $\boldsymbol{t}$ を付け加え，$\{W, \boldsymbol{t}\}$ という形式で表現できる．点群操作に対応する行列は，4.2.3項と同じように，a 軸に垂直な鏡面なら (m_a)，b 軸方向の2回回転軸なら (2_b) というように表すことにしよう．結晶座標が (x, y, z) である点は，この操作により，$W\,^t(x, y, z) + \boldsymbol{t}$ の位置に移動する．

例として，a 軸に垂直な b 映進面による操作と，b 軸方向の 2_1 らせん軸の操作を引き続けて行った結果を考えよう．a 軸に垂直で，原点を通る b 映進面による操作は，鏡映に対応する (m_a) と，b 軸方向の並進移動 $^t(0, 1/2, 0)$ を組み合わせて，$\{(m_a),\,^t(0, 1/2, 0)\}$ という記号で表せる．次に，もし，この映進面が原点を通らず，a

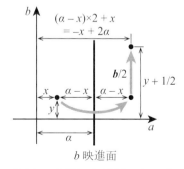

図 4.10　a 軸に垂直な b 映進面による操作によって生じる座標の変化
　　　　図中の座標は，すべて結晶座標である．

軸方向に α だけずれているとしよう．すなわち，映進面が (α, y, z) で表される平面であるとしよう．この場合には，図 4.10 からわかるように，この映進面は $\{(m_a), {}^t(2\alpha, 1/2, 0)\}$ の組み合わせで表される．一方，b 軸方向の 2_1 らせん軸が，原点から，a 軸方向に β，b 軸方向に γ だけずれていれば，映進面の場合と同じように考えて，その操作は $\{(2_b), {}^t(2\beta, 1/2, 2\gamma)\}$ で表される．

映進面の存在する面を a 軸の原点，らせん軸の存在する位置を c 軸の原点とすれば，映進面は $\{(m_a), {}^t(0, 1/2, 0)\}$ で，また，らせん軸は $\{(2_b), {}^t(2\beta, 1/2, 0)\}$ で表される．これらの操作を，映進操作，らせん軸の操作の順に行うと考えれば，組合せ操作は，$\{(2_b)(m_a), (2_b){}^t(0, 1/2, 0) + {}^t(2\beta, 1/2, 0)\}$ で表される．行列部分は，前節で示したように，$(2_b)(m_a) = (m_c)$ である．次に並進部分の $(2_b){}^t(0, 1/2, 0)$ を考えよう．(2_b) は -1 か 1 を対角成分とする対角行列だから，この行列を掛けても，ベクトルの各成分はそのままか，符号が変わるだけかである．並進部分は，小数部だけが意味を持つから，座標成分が $-1/2$ であることと $1/2$ であることは同じである．結局，$(2_b){}^t(0, 1/2, 0)$ は ${}^t(0, 1/2, 0)$ と同じ意味を持つ．したがって，組合せ操作の並進部分は，${}^t(0, 1/2, 0) + {}^t(2\beta, 1/2, 0) = {}^t(2\beta, 1, 0)$，すなわち，${}^t(2\beta, 0, 0)$ となる．以上をまとめると，組合せ操作は $\{(m_c), {}^t(2\beta, 0, 0)\}$，つまり，$c$ 軸に垂直な面で鏡映を行い，a 軸方向に 2β だけ移動させる操作となるが，結晶中の対称操作であるため，β の値は制限される．

$\beta = 0$ → $\{(m_c), {}^t(0, 0, 0)\}$ →原点を通る鏡面

$\beta = 1/4$ → $\{(m_c), {}^t(1/2, 0, 0)\}$ →原点を通る a 映進面

一般に，β が $n/4$（n は整数）となれば条件を満たすが，結果と

して得られる操作は上記の2つと並進対称操作の部分を除いて同じである．

一般的に述べると，結晶軸方向の2回回転軸，2回らせん軸，鏡面，映進面，対称心を組み合わせると，やはりこれらのうちのいずれかが生成するが，その結果を求めるには，行列部分は4.2.3項に示した結果を用い，並進部分は，単に，足し合わせればよい．また，組合せの結果が《対称操作》となるために，組み合わせる対称要素間の座標の差は，0, 1/2, 1/4 などに制限される．

4.4 結晶系――単位胞の形

4.4.1 結晶系とはどんな分類か

4.1節で述べたとおり，空間群は230種類もあり，その中には，恒等操作しか《対称操作》を持たないものから，48種類の《対称操作》を持つものまである．このように空間群は多種多様であるので，昔から結晶系（crystal system）という分類が広く用いられている．各結晶系の名前である正方晶系，六方晶系といった言葉は，あたかも人々がよく理解しているように使われていているが，結晶系という分類は，なかなか難しい部分を含んでいる．実際，結晶系による分類は，その1ヵ所について，いろいろの議論があり，厳密には4通りの方式がある．本書では，その問題となる部分をすべて一括りにする分類法を採用する．これが，最も筋が通っていると思われ，また，簡単だからである．

結晶系は，本来，結晶の外形や結晶の物理的な性質の持つ対称性からの分類である．例えば，結晶が1つの結晶軸の回りに90°ごとに同じ性質を持つなら，正方柱と同じ対称性だから，正方晶系という分類となる．次の段階として，結晶が正方柱と同じ対称性を持

つのだから,単位胞は正方柱となるはずだ,ということになる.これは確かに正しいのだが,ここでやっかいな問題が発生してくる.

2次元の結晶構造の例として付図 (5) を用いることとし,これを図 4.11 に示した.この構造は鏡線をもっているため,長方形と同じ対称性となり,単位胞は長方形になるはずである.確かに,長方形の単位胞はとることができるのだが,これは単純単位胞ではない.図に示すように,単純単位胞は,長方形ではなく,菱形である.このように,対称性に見合った単位胞をとると,必ずしも単位胞が単純単位胞ではなくなる場合がある.このため,結晶構造の新たな分類が生じるのだが,これは次節のテーマである.

結晶系の分類は,結晶の外形や物理的な性質の対称性に基づくものと述べたが,結晶の外形・物理的性質の対称性を細かく調べると 32 種類の結晶点群と呼ばれる分類となる (4.6 節).結晶系の分類は,結晶の対称性を,もっと大きく分類するものである.すなわち,**結晶系** (crystal system) は,「結晶の対称性を反映した単位胞の形」による結晶の対称性の分類である.単位胞の形というのは,正確に表現するなら,格子定数に課される条件,例えば,$\alpha=\beta=\gamma$

図 4.11 2 次元の直方晶系の結晶構造
破線で示した単位胞は単純単位胞だが,長方形の単位胞は単純単位胞ではない.

＝90°というような条件である[†32].

それでは，単位胞の形を決めるのは何かというと，結晶が持つ対称要素の中で，最も主要な要素，すなわち，主軸の次数である．ここで**主軸**とは，最も次数の**対称軸**（回転軸，回反軸，らせん軸）である．ただし，主軸を考える場合には，鏡面は2次の対称軸$\bar{2}$と考え，映進面についても，同じように考える．したがって，主軸を考える場合には，鏡面や映進面（**対称面**）は，その法線方向に軸の方向があると考える．

ここで，主軸という考え方が素直に使えない場合が，3つある．まず，対称要素が全くないか，対称心しかない場合で，方向性のある対称要素がないので，主軸という考え方が成り立たない．次に，2次の対称軸が3つ（2次元の場合には2つ）直交する場合で，この場合は，いずれを主軸と考えてもよいし，あるいは，主軸を特に選ばなくてもよい．3つ目は，立方晶系と呼ばれるグループで，2次の対称軸と3次の対称軸が斜めに交わっていて，2種類の主軸を持つとも考えられるが，これについては後で述べる．

4.4.2 2次元，3次元の結晶系

まず，2次元の場合について，主軸の次数によって，どのように単位胞の形が決まるかを示すために，結晶構造が4回回転点を持つ場合を考えよう．$\boldsymbol{a}$を単純単位胞ベクトルの1つとすると，結晶構造を4回回転点の回りに90°回転しても元と同じだから，$\boldsymbol{a}$を90°回転したベクトル$\boldsymbol{b}$も格子ベクトルとなる．$\boldsymbol{a}$，$\boldsymbol{b}$を単位胞ベクトルとすれば，$\boldsymbol{b}$は，$\boldsymbol{a}$と同じ長さをもち，$\boldsymbol{a}$，$\boldsymbol{b}$は直交するので，単位胞は正方形となる．このように，2次元の結晶構造の単

[†32] このように簡単に結晶系を定義できるのは，大括りの結晶系の場合で，細分化した結晶系を定義することは非常に困難である．

表 4.1 2次元の結晶系の分類

結晶系[a]	記号	対称要素	単位胞の形	格子定数の条件
単斜晶系	m	1または2	平行四辺形	条件なし
直方晶系	o	鏡線	長方形	$\gamma = 90°$
正方晶系	t	4回回転点	正方形	$a = b,\ \gamma = 90°$
六方晶系	h	3回回転点または6回回転点	60°–120° 菱形[b]	$a = b,\ \gamma = 120°$

[a] 2次元の場合の結晶系の名称は,まだ,十分に確立されておらず,*International Tables for Crystallography*, Volume A でも複数の名前が示されている.ここでは,3次元の名前と共通する名称で示した.
[b] 60°と120°を内角とする菱形(= 2個の正三角形を並べてできる菱形).

位胞は,回転点の種類に応じた標準的な形の単位胞(単位胞ベクトル)を,表4.1に示すように選ぶことができる.この単位胞の形による対称性の分類が結晶系である.

次に,3次元の結晶構造について,主軸の次数と単位胞の形の関係を見てみよう.例として,4回回転軸が存在する場合を考えるが,2次元の場合より複雑になる.最も短い格子ベクトル t が4回回転軸と平行でもなければ,垂直でもないとしよう(図4.12).このとき,結晶構造が4回回転対称性をもっているので,t を4回回転軸の回りに90°回転したベクトル t' や,180°回転したベクトル t'' も格子ベクトルとなる.ここで,$a = t' - t$,$c = t + t''$ とおけば,a,c も格子ベクトルである.さらに,a を4回回転軸の回りに90°回転したベクトル b も格子ベクトルであり,a,b,c を単位胞ベクトルとすれば,単位胞は正方柱となる.このように,最も短い格子ベクトルが4回回転軸に平行でも垂直でない場合も,単位胞ベクトルとして,回転軸に平行なベクトルと垂直なベクトルをとることができる.

4回回転軸ではなく,4回回反軸が存在する場合を考えよう.単

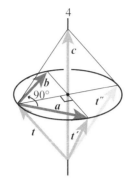

図 4.12　4 回回転軸が存在する場合の単位胞ベクトル

位胞の形を考える場合には，格子点の配列だけが関係する．格子点の配列だけを考えると，各格子点の上に対称心がある．このため，4 回回反軸が存在する格子点の配列では，自動的に 4 回回転軸も存在し，4 回回転軸の場合と同じように，正方柱の単位胞をとることができる．また，4 回らせん軸が存在する場合も，格子ベクトルは 4 回らせん軸により 90° 回転するので，4 回回転軸が存在する場合と同じになる．このようにして，対称軸（回転軸，回反軸，らせん軸）の次数によって，表 4.2 に示すような標準的な形を持つ単位胞（単位胞ベクトル）が存在することがわかり，これによる結晶系の分類が可能となる．また，この単位胞をとった場合の座標軸が**結晶軸**である．

表 4.2 で示される標準的な単位胞では，単位胞ベクトルが結晶の対称軸と平行か垂直となっている．つまり，標準的な単位胞は単に形が決まるだけでなく，対称要素に対する方向も指定されている．例えば，正方晶系の標準的な単位胞をとれば，4 回軸は必ず c 軸に平行である．これも，標準的な単位胞が持つ便利な点である．ただ

表 4.2 3次元の結晶系の分類

結晶系	記号	対称要素[a]	単位胞の形	格子定数の条件
三斜晶系 triclinic[b]	a	1	平行六面体	条件なし
単斜晶系 monoclinic	m	2回軸 $\parallel \boldsymbol{b}$[c]	平行四辺形を底面とする直柱体[d]	$\alpha = \gamma = 90°$[c]
直方晶系[e] orthorhombic	o	3つの直交する2回軸[f]	直方体	$\alpha = \beta = \gamma = 90°$
正方晶系 tetragonal	t	4回軸 $\parallel \boldsymbol{c}$	正方柱	$a = b$ $\alpha = \beta = \gamma = 90°$
六方晶系（広義） hexagonal	h	3または6回軸 $\parallel \boldsymbol{c}$	$60°$–$120°$菱形[g]を底面とする直柱体[d]	$a = b$ $\alpha = \beta = 90°$ $\gamma = 120°$
立方晶系 cubic[h]	c	2回軸と3回軸	立方体	$a = b = c$ $\alpha = \beta = \gamma = 90°$

[a] この欄では，N 回軸に次数 N の回転軸，回反軸，らせん軸を含める．また，2回軸には，鏡面と映進面も含める．
[b] anorthic という名称もあり，記号はこの名称による．
[c] 単斜晶系だけは b 軸を主軸とする座標軸の取り方が一般的である．このため，β だけが $90°$ 以外の角度をとる．なお，c 軸を対称軸方向とする設定もあり，この場合に，2回軸 $\parallel \boldsymbol{c}$, $\alpha = \beta = 90°$ となる．
[d] 直柱体は底面と側面が直交する柱体である．
[e] つい最近まで斜方晶系という名称であった．
[f] 3つの2回軸が，それぞれ，単位胞ベクトルの方向となる．すなわち，2回軸 $\parallel \boldsymbol{a}$, 2回軸 $\parallel \boldsymbol{b}$, 2回軸 $\parallel \boldsymbol{c}$ である．
[g] 表 4.1 の[b] 参照．
[h] 等軸晶系（isometric）という名称も，特に鉱物学関係で使われている．

し，構造解析や結晶構造の記載にあたって，必ず標準的な単位胞をとらなければならないわけではない．例えば，結晶系は異なるが類似している結晶構造を比較する場合，どちらかの結晶系の標準的な単位胞に合わせて，他方の結晶構造を記載することになる．

表 4.2 の最下段に示した立方晶系の持つ対称性は，少々複雑である．この晶系では，3回回転軸と2回回転軸が斜めに交わっている．

3回回転軸と2回回転軸の交点に中心を置く立方体を考えると，図4.13に示すように，2回軸は向かい合う面の中心を結ぶ方向，3回軸は立方体の最も遠い頂点を結ぶ方向（体対角線方向）に位置する．その間の角度をθとすれば，$\cos\theta = 1/\sqrt{3}$で，メタンにおける炭素の結合角のちょうど半分である．このような2回回転軸と3回回転軸がそれぞれ1本ずつ存在すると，図4.13に示すように，他の2回回転軸，3回回転軸が生じ，合計で3本の2回軸と4本の3回軸が存在することになる．単位胞ベクトルは，3つの2回軸方向にとることができ，単位胞は立方体となる．

ここで結晶系として述べてきた空間群の分類は，*International Tables for Crystallography*，Volume A で は，crystal family[33] という名称が与えられている．同書では，結晶系として，本書の六方晶系を細分して，六方晶系と三方晶系に分けている[34]．このため，本書で用いる「六方晶系」という語の意味が誤解される恐れがある

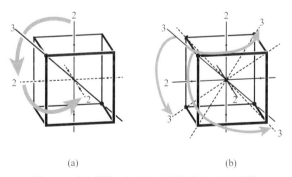

図 4.13 立方晶系における2回回転軸と3回回転軸
(a) に実線で示した2回回転軸1本と3回回転軸1本が存在するとする．まず，(a) に示すように，2回回転軸を3回回転軸により回転させて合計3本の2回回転軸が生じる．さらに，(b) に示すように，3回回転軸を3本の2回回転軸で回転して，合計4本の3回回転軸が生じる．

ので,本節で述べた3回軸または6回軸を持つ結晶系を,本書では「六方晶系(広義)」と表記することにする.

結晶系によって,単位胞の形が決まる.しかし,単位胞の形がわかっても,結晶系が1つに決まるとは限らない.例えば,$a \neq b \neq c \neq a$, $\alpha = \beta = \gamma = 90°$ であれば,晶系は直方晶系,または,それより低い晶系(単斜晶系,三斜晶系)であることがわかるが,直方晶系であるとは限らない.結晶系を決定するには,構造因子の分布の対称性(4.6節)も調べる必要がある.

4.5 ブラベー格子

4.5.1 単純格子と複合格子

4.4節で,結晶系に応じて決まった形の単位胞を選ぶことができることを述べた.この単位胞をとれば,座標軸と対称要素の方向は平行や垂直といった単純な関係となり,対称性を考えるには便利である.ただし,この単位胞が,必ずしも,単純単位胞とは限らない,という問題が発生する.

図4.14(a)は,図4.11で示された結晶構造から,格子点を抽出した図である.この場合,図のベクトル a, b を単位胞ベクトルとして選ぶことにより,標準的な,長方形の単位胞をとることができ,単位胞あたりの格子点の数は2である.単位胞内の2つの格子点は,格子ベクトル $t = (a + b)/2$ で結びつけられている.この

---

†33 これを訳すと結晶族となるだろうが,結晶族は32結晶点群(4.6節)の意味で使われることが多い.結晶系以外の名前で呼ぶのがよいと思われるが,適切な名前がないこと,また,通常使われる結晶系とほとんど同じであることから,仮に結晶系という名称で呼んでおく.

†34 これ以外にも,六方晶系(広義)を,六方晶系と菱面体晶系に分ける流儀や,六方晶系,三方晶系,菱面体晶系と分ける流儀もある.

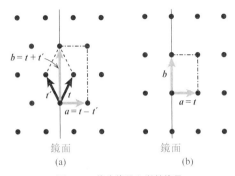

図 4.14 複合格子と単純格子
(a) 図 4.11（付図 (5) と同じ）から格子点を抽出．(b) 付図 (3) から格子点を抽出．

ように，標準的な単位胞が単純単位胞でない場合，この格子点の配列を**複合格子**（centered lattice）と呼ぶ．複合格子では，単位胞内に納まる格子ベクトルが，1つ以上存在する．

同じように鏡面を唯一の対称要素として持つ付図 (3) の結晶構造について，格子点を示すと図 4.14 (b) のようになるが，この場合，単位胞あたりの格子点の数は1である．このように，標準的な単位胞が単純単位胞となる場合，格子点の配列を**単純格子**（primitive lattice）という．

2次元では，複合格子をとる結晶構造のなかに単純単位胞を見つけることは容易である．また，単純単位胞1個分の構造が示されたときに，複合格子の単位胞を導くことも，さほど困難ではない．しかし，3次元の結晶構造では，どちらの作業も難しい．例えば，図 4.15 の3つの単位胞は，すべて，NaCl 型構造の単純単位胞である．この図から，NaCl の立方体状の複合格子の単位胞を想像することは，非常に難しい．

142　第 4 章　結晶構造の対称性

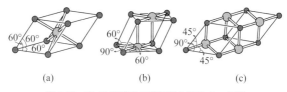

図 4.15　NaCl 型構造の単純単位胞の 3 つの例

4.5.2　ブラベーフロック

上で述べてきたことからわかるように，同じ結晶系でも，つまり，標準的な単位胞の形が同じでも，格子点の配列は 1 種類ではなく，いくつかの種類がある．結晶系と単純格子・複合格子の種類による空間群や平面群の分類を**ブラベーフロック**（Bravais flock[†35]）という．

2 次元の場合のブラベーフロックを数え上げることは簡単である．まず，記号から説明すると，2 次元の場合，単純格子を p（primitive），複合格子を c（centered）とし，これを結晶系の記号（表 4.1）の後ろに付けて表す．例えば，図 4.14 で示した例は直方晶系（o）であるので，(a) の複合格子は oc，(b) の単純格子は op で表される．このように，直方晶系では複合格子が存在するが，他の 2 次元の晶系では単純格子だけである．例えば，正方晶系の場合，4.4.2 項で述べた方法で単位胞を作れば単純単位胞が生成するので，単純格子しか存在しない．無理に中心に格子点を加えた tc の格子点配列を考えてみても，図 4.16 に示すように，単位胞を小

[†35] flock は羊や鳥などの群れを意味し，数学・物理領域では Bravais flock 以外には使われない単語である．*International Tables for Crystallography* では，結晶構造に由来する対称性だけを考える場合をブラベーフロック，純粋に格子点の配列の対称性を考えて，分類された格子点配列をブラベー格子クラスと呼んでいる．実際には，いずれも，単にブラベー格子と呼ばれる場合が多い．

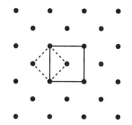

図 4.16 ブラベーフロック *tc* が存在しない説明
実線で描かれた *tc* の格子点配列は，破線で示すように，*tp* の単位胞をとることができる．

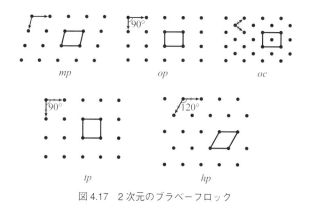

図 4.17 2 次元のブラベーフロック

さな正方形で取り直すことができるので，単純格子だけを考えればよい．このように調べていくと，2 次元のブラベーフロックは図 4.17 に示した 5 種類となる．

3 次元になると，図 4.12 からも想像されるように，ずっと複雑になる．まず，主軸として偶数次の対称軸が存在するとし，この方向を c 軸としよう．この場合，任意の格子ベクトル t について，これを対称軸の回りに 180° 回転した格子ベクトル t' も存在する．た

だし，2回回反軸（＝鏡面）や6回回反軸の場合には，鏡映して得られる格子ベクトルの-1倍によって，t' が得られる．$t+t'$ は主軸に平行な格子ベクトルだから，単位胞ベクトル c の整数倍でなければならない．これは，t の c 軸方向の成分を z とすれば，$2z$ が整数であることを意味する．すなわち，すべての格子ベクトルの対称軸方向の座標は，整数または半整数（整数$+1/2$ のこと）でなければならない．

まず，直方晶系について複合格子の可能性を考えよう．この場合，直交する3本の2次の対称軸が存在し，これらの方向が結晶軸となるので，上の考察から，単位胞内の格子ベクトルの各成分は0か$1/2$である．すなわち，格子ベクトルとして可能なベクトルは，整数部分を除いて，$(1/2, 0, 0)$, $(0, 1/2, 0)$, $(0, 0, 1/2)$, $(1/2, 1/2, 0)$, $(1/2, 0, 1/2)$, $(0, 1/2, 1/2)$, $(1/2, 1/2, 1/2)$ の7種類である．これらのうち，最初の3つは，$a/2, b/2, c/2$ に等しく，単位胞ベクトルと平行で，長さが短い格子ベクトルが存在することになり，単位胞ベクトルの設定に矛盾する．したがって，格子ベクトルとして可能なベクトルは，残りの4つである．

$(1/2, 1/2, 0)$, $(1/2, 0, 1/2)$, $(0, 1/2, 1/2)$ のいずれか1つだけが，格子ベクトルとなるとすると，原点から1つの面の中心への格子ベクトルが存在する．これが底心格子である．一方，$(1/2, 1/2, 1/2)$ が格子ベクトルとなる場合には，原点から体心への格子ベクトルが存在し，これが体心格子である．

上の4つのベクトルから複数のベクトルが格子ベクトルとなる場合には，それらの和・差のベクトルも格子ベクトルとなる．もしこれが $a/2$, $b/2$, $c/2$ のいずれかに等しくなる場合は，a, b, c と同じ方向で長さが半分の格子ベクトルが存在することになり，単位胞ベクトルの設定に矛盾する．これを考慮すると，複数のベクト

ルを格子ベクトルとする唯一の可能な場合は，$(1/2, 1/2, 0)$, $(1/2, 0, 1/2)$, $(0, 1/2, 1/2)$ のすべてが格子ベクトルとなる場合で，これが面心格子である．したがって，直方晶系では，4種類の格子点の配列が可能であることがわかった．

正方晶系の場合，偶数次の対称軸が存在するので，すべての格子ベクトルの c 軸方向の座標は，整数または半整数（整数＋1/2のこと）でなければならない．図4.12で示されるように，c 軸方向の成分が1/2である格子ベクトルが存在すれば体心格子となる．4次の対称軸が存在して，図4.12以外となる場合としては単純格子しかない．

以上は，主軸が偶数次の場合であった．結晶構造で存在する奇数次の対称軸は3次だけである．この場合，任意の格子ベクトルを t とすると，t を主軸の回りに1/3回転させたベクトルを t'，2/3回転させたベクトルを t'' とすれば，$t+t'+t''$ が主軸方向の格子ベクトルとなるので，偶数次の場合と同様に考えて，t の主軸方向の成分は1/3の倍数となる．すべての格子ベクトルについて，主軸方向の成分が整数であれば単純格子となり，それ以外であれば，複合格子となる．複合格子となる場合には，図4.18に示すように，主軸方向の成分が0でないベクトルの中で，最も短いベクトルを t として選び，$a = t - t'$, $b = t' - t''$, $c = t + t' + t''$ によって単位胞ベクトルを作れば，標準型の単位胞を作ることができる．この単位胞をとる場合，t と $2t - a$ が単位胞内に納まる格子ベクトルとなり，これらは，

$$\frac{2}{3}a + \frac{1}{3}b + \frac{1}{3}c, \; \frac{1}{3}a + \frac{2}{3}b + \frac{2}{3}c$$

に等しい．これが，菱面体複合格子である．

以上をまとめると，3次元の結晶格子は次のように分類される．

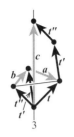

図4.18 菱面体複合格子 R

単純格子：標準的な形の単位胞が単純単位胞となる結晶格子．記号は P である．

底心格子（base-centered lattice）：格子点が原点と，単位胞の1つの面の中心に存在する複合格子．記号はどの面に格子点が存在するかで記号が決まる．bc 面なら A，ac 面なら B，ab 面なら C である．これらをまとめて表すときは，S で表す．C 底心格子の場合に，複合格子をとる場合に付加される単位胞内の格子ベクトルは $(\boldsymbol{a}+\boldsymbol{b})/2$ である．

面心格子（face-centered lattice）：格子点が原点と，単位胞のすべての面の中心（面心）に存在する複合格子．記号は F．複合格子をとる場合に付加される単位胞内の格子ベクトルは $(\boldsymbol{a}+\boldsymbol{b})/2$，$(\boldsymbol{b}+\boldsymbol{c})/2$，$(\boldsymbol{c}+\boldsymbol{a})/2$ である．

体心格子（body-centered lattice）：格子点が原点と，単位胞の中心（体心）に存在する複合格子．記号は I．複合格子をとる場合に付加される単位胞内の格子ベクトルは $(\boldsymbol{a}+\boldsymbol{b}+\boldsymbol{c})/2$ である．

菱面体複合格子（rhombohedrally centered lattice）：主軸の次数が3の場合のみ生じる．単位胞あたりの格子点の数は3で，付加される単位胞内の格子ベクトルは $(2\boldsymbol{a}+\boldsymbol{b}+\boldsymbol{c})/3$ と $(\boldsymbol{a}+2\boldsymbol{b}+2\boldsymbol{c})/3$

である.このブラベーフロックに属する空間群の結晶では,単純単位胞を用いる場合もある.

これらの格子の分類と結晶系による分類を組み合わせると,ブラベーフロックによる分類となる.3次元のブラベーフロックの記号は,2次元の場合と同じように,結晶系の記号 (a, m, o, t, h, c) と格子の種類の記号 (P, S, F, I, R) の組合せである.単位胞内の格子点と記号を図4.19に示した.

4.5.3 複合格子による消滅則

結晶構造の単純格子・複合格子が,構造因子の分布にどのように反映するかを調べよう.波数空間において $h\boldsymbol{a}^* + k\boldsymbol{b}^* + l\boldsymbol{c}^*$ (h, k, l は整数) で表される点でのみ,構造因子は0でない値をとる.以下では,このような点を逆格子点と呼ぶこととしよう.まず,逆格子点の分布の密度について考えよう.逆格子点は逆格子体積 V^* あたり1個存在するから,逆格子点が波数空間の単位体積あたり存在する数(=逆格子点の密度)は $1/V^*$ である.$V^* = 1/V$ だから(式 (2.13)),逆格子点の密度は V に等しい.今,1個の単位胞あたり格子点が2個あるような複合格子を考えよう.複合格子の格子体積を V とすると単純単位胞の格子体積は $V/2$ である.したがって,複合格子で考えると単位体積あたりの逆格子点の数は V,単純単位胞で考えると単位体積あたりの逆格子点の数は $V/2$ となる.複合格子で考えると,逆格子点が見かけの上では倍の密度となってしまうということは,複合格子をとった場合の逆格子点のうち半分は見せかけだけの逆格子点であり,実際には強度が0となっているはずである.

これを具体的に調べるために,図4.20 (a) に示す C 底心格子の

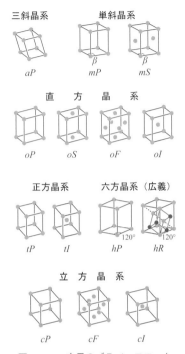

図 4.19　3 次元のブラベーフロック

hR の図では，単純単位胞も示していて，濃灰色の 4 つの円は単位胞より手前にある格子点である．

場合について考えよう．複合格子の単位胞ベクトルを a, b, c, 単純単位胞の単位胞ベクトルを a_P, b_P, c_P とすると，$a_P = (a-b)/2$, $b_P = (a+b)/2$ という関係がある．基底ベクトル a, b, c から，a_P, b_P, c_P への座標変換を考えると，2.6 節で述べた変換行列 Q とその逆行列は，

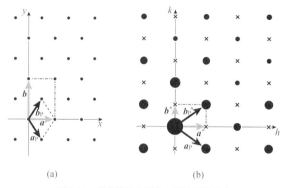

図 4.20 複合格子の場合の構造因子分布
(a) 実空間の結晶格子, (b) 波数空間における構造因子の分布. ×は, 見せかけの逆格子点.

$$Q = \begin{pmatrix} 1/2 & 1/2 & 0 \\ -1/2 & 1/2 & 0 \\ 0 & 0 & 1 \end{pmatrix}$$

であり, 逆行列を計算すると,

$$Q^{-1} = \begin{pmatrix} 1 & -1 & 0 \\ 1 & 1 & 0 \\ 0 & 0 & 1 \end{pmatrix}$$

となる. 2.6 節の結果より, $\boldsymbol{a}_\mathrm{p}{}^* = \boldsymbol{a}^* - \boldsymbol{b}^*$, $\boldsymbol{b}_\mathrm{p}{}^* = \boldsymbol{a}^* + \boldsymbol{b}^*$ となるので, 逆格子の基底の関係は図 4.20 (b) に示す通りとなる. ベクトル $\boldsymbol{a}^*$, $\boldsymbol{b}^*$ により発生する逆格子点のうち, ×で表されている点は $\boldsymbol{a}_\mathrm{p}{}^*$, $\boldsymbol{b}_\mathrm{p}{}^*$ を使った場合には発生しない逆格子点であり, これらは, 複合格子という大きな単位胞をとっているために生じる見せかけの

逆格子点である.

あるいは,波数空間の座標変換を考えることより,$h_P = (h-k)/2$,$k_P = (h+k)/2$ となる.$h-k$ と $h+k$ がともに偶数でないと,h_P,k_P は整数にならないので,$h-k$ と $h+k$ が偶数の場合だけが本物の逆格子点であるとも考えられる.ここで,$h+k$ が偶数であれば,$h-k$ も自動的に偶数となるので,前者の条件だけを考えればよい.

以上のように考えるのが本質的な見方であろうが,複雑である.そこで,通常は,C 底心という対称操作が存在するために,規則に従って構造因子の値が 0 となる,すなわち,消滅していると考える.今の例では,「構造因子が値を持つための必要条件は $h+k = 2n$(n は整数)」となる.あるいは,逆の言い方をすると,「$h+k \neq 2n$ のとき,構造因子は 0」とも言える.このように,複合格子をとることによって,系統的に構造因子が 0 となる条件を**複合格子による消滅則**(reflection condition)という[†36].

上では,単純単位胞と複合格子の関係から消滅則を導いたが,構造因子を実際に計算してみると簡単に導ける.すなわち,点 (x, y, z) と点 $(x+1/2, y+1/2, z)$ は格子ベクトルで結びつけられた点であり,両地点で散乱される X 線の大きさが等しくなるが,これらは,$h+k = 2n+1$ のとき,以下に示すように打ち消されてしまう.

[†36] 消滅則というと構造因子が 0 となる条件,reflection condition というと構造因子が 0 とならない条件を意味するのが本来の用法だろうが,ここでは区別しない.また,英語では,systematic absence という名称がよく使われる.

$$\exp\{2\pi i\,(hx+ky+lz)\} + \exp\left[2\pi i\left\{h\left(x+\frac{1}{2}\right)+k\left(y+\frac{1}{2}\right)+lz\right\}\right]$$
$$=\exp\{2\pi i\,(hx+ky+lz)\}\,[1+\exp\{\pi i\,(h+k)\}]$$
$$=\exp\{2\pi i\,(hx+ky+lz)\}\,[1+\exp\{(2n+1)\pi i\}]$$
$$=0$$

このようにして,複合格子による消滅則が,表 4.3 のように導かれる.**消滅則**には,複合格子によるものの他に,映進面・らせん軸による消滅則があり,これは 4.8 節で述べる.

4.5.4 複合格子と映進面

映進面は,鏡映と並進対称操作の半分の移動を組み合わせた《対称操作》であり,格子点の配列と密接に結びついている.このため,複合格子では,単純格子では存在しない種類の映進面が生じてくる.

1つは,並進方向が2種類あるような映進面である.例えば,C 底心の直方晶系 oC で,c 軸に垂直な映進面 a があるとしよう.こ

表 4.3 複合格子による消滅則

複合格子の種類	構造因子が 0 でないための必要条件
面心格子 F	$h+k=2n$,かつ,$k+l=2n$,かつ,$l+h=2n$[a]
体心格子 I	$h+k+l=2n$
底心格子 A	$k+l=2n$
底心格子 B	$l+h=2n$
底心格子 C	$h+k=2n$
菱面体複合格子 R	$-h+k+l=3n$

[a] この条件は,「h, k, l がすべて偶数,または,すべて奇数」とも表現できる.

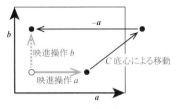

図 4.21　二重映進面 e

のとき，図 4.21 に示すように，この映進面は，自動的に b 映進面でもある．このように，1つの映進面で，2つの方向に映進方向が存在する**二重映進面**は，符号 e で表される．この記号が制定されたのは比較的新しく，少し古い文献では，一方の映進面の記号で表している．e 映進面が現れるのは，直方晶系の底心格子 oS に属する5つの空間群だけである（付録の付表を参照）．

もう1つは，d 映進面である．複合格子が持つ単位胞内の格子ベクトルを $\boldsymbol{t}$ とすると，この映進面は $\boldsymbol{t}/2$ の並進移動を伴う．d 映進面には2種類あり，1つは，面心格子で現れるもので（F 型），映進面は各結晶軸に垂直な面である．例えば，c 軸に垂直な面で鏡映し，$(\boldsymbol{a}/4)+(\boldsymbol{b}/4)$ の並進移動を行う対称操作である．もう1つのタイプは，体心格子で生じるもので（I 型），映進面は，単位胞の斜めに向かい合う2辺が作る面で，その指数は (110) や ($0\bar{1}1$) などである．並進移動ベクトルは，$\boldsymbol{a}/4+\boldsymbol{b}/4+\boldsymbol{c}/4$ などで，映進面の向きに応じて変わる．

d 映進面が存在する前提条件として，対称面の1種である映進面と，それに平行な単位胞内の並進ベクトル $\boldsymbol{t}$ が必要である．このため，鏡面・映進面が b 軸に垂直であれば，B 底心格子の存在しない単斜晶系では d 映進面は現れない．この結果，d 映進面は3本の結晶軸が互いに直交する結晶系でだけ現れる．すなわち，各結

晶軸が対称軸，または対称面の法線となる場合に限られる．

結晶軸の各方向に対称要素がある場合，4.3.3 項で調べたように，これらの並進移動の座標が互いに関係してくる．今，a 軸に垂直で原点を通る F 型の d 映進面があるとしよう．これは 4.3.3 項の方法で表せば，$\{(m_a), {}^t(0, 1/4, 1/4)\}$ となる．この場合，4.2.3 項と 4.3.3 項の議論から，少なくとももう 1 つの結晶軸方向に対称面が存在する．この第 2 の対称面が b 軸に垂直であるとし，b 軸の原点を対称面の位置に置けば，対称面による操作は $\{(m_b), {}^t(\alpha, 0, \beta)\}$ と表される．ここで α, β は，対称面が鏡面または d 映進面以外の映進面なら 0 か 1/2 であり，d 映進面なら 1/4 となる．a 軸に垂直な d 映進面による操作のあと，この対称面の操作を引き続いて行った操作は，4.3.3 項と同じように考えて，$\{(2_c), {}^t(\alpha, 1/4, \beta+1/4)\}$ となって，c 軸方向の 2 回対称軸となる．z 軸方向の並進移動は $\beta+1/4$ となっているが，2 回対称軸であれば，並進操作の成分は，0 か 1/2 でなければならないので，β は 1/4（または 3/4）しか許されない．これより，第 2 の対称面は d 映進面でなければならない．このように，映進面は少なくとも 2 つが対になって現れ，底心格子では出現しない．実際，d 映進面が出現するのは，oF, tI, cF, cI の 4 種類のブラベーフロックに限られている．

d という記号は，diamond glide の d で，ダイヤモンドの結晶構造に d 映進面が存在することに由来する．ダイヤモンド以外にも，図 4.1 に示したザクロ石や，パイロクロア，スピネル，ジルコン，斜方硫黄など，d 映進面を持つ重要な結晶構造が数多くある．いずれの結晶構造も見る方角で様相が変わり，理解しにくい．

F 型で対称心を持つ構造の場合は，d 映進面を考える代わりに，2 回回転軸と対称心で考えることもできる．というのは，3 本の 2 回回転軸が直交して交わっており，その交点から $(1/8, 1/8, 1/8)$（ま

たは，(3/8, 3/8, 3/8)）だけ離れた位置に対称心が存在しているとすると，自動的に3種類のd映進面が発生するのである．例えば，ダイヤモンドの結晶構造では，炭素原子を3本の直交する2回回転軸（実際には，4回回反軸）が貫いており，対称心が存在するのは，原子位置から (1/8, 1/8, 1/8) ずれた位置となっている．これだけで，自動的に各結晶軸に垂直なd映進面が生じている．

4.6　結晶点群

4.5節では，結晶系と単純格子・複合格子の区別によって空間群がブラベーフロックで分類できることを述べた．ブラベーフロックは，結晶構造の並進対称性と対称性の主軸の方向に注目した空間群の分類である．結晶の対称性では，逆に，並進対称性を無視した対称性による分類も重要であり，これが結晶点群である．

4.6.1　構造因子の分布の対称性

結晶中の電子密度分布は，第2章で述べた並進対称操作と4.2節，4.3節で述べた《対称操作》から構成される対称性を持っている．これを実空間の対称性と呼ぶことにしよう．一方，構造因子（＝電子密度分布を構成する静的平面波の大きさ）は波数空間に分布しているが，この分布も何らかの対称性を持つと予想される．例えば，電子密度分布がz軸方向に4回回転軸を持っているとすれば，電子密度分布が，ある方向に持つ平面波の大きさは，その方向から90°回転した方向で持つ平面波の大きさと等しいはずだから，波数空間でも4回回転軸があると予想される．しかし，4回回転軸ではなく，4回らせん軸なら，微妙な問題となりそうである．

波数空間の原点に位置するF_{000}は他の構造因子より常に大きな

絶対値を持つため（3.2.1項），波数空間の対称操作では，原点は不動である．したがって，構造因子の分布が持つ対称性は，原点を中心とする点群の対称性である．並進対称性がないので，波数空間の対称性は実空間の対称性より簡単になる．

実空間での対称性に応じて，どのように波数空間での対称性が決定されるか，フーリエ展開の定義に戻って検証してみよう．まず，c軸に垂直な鏡面を例として考えよう．このとき，波数空間の構造因子の分布でもこれに対応して，c^*軸に垂直な面 $(h, k, 0)$ が鏡面となるはずであるが[†37]，これを数式で確かめてみよう．まず，c軸に垂直で，原点を通る鏡面があるとする．鏡面が原点を通るので，結晶座標系において座標 (x, y, z) で表される点は，鏡映操作で座標 $(x, y, -z)$ に移動する．このため，電子密度分布関数 ρ は，$\rho(x, y, z) = \rho(x, y, -z)$ という対称性を持つので，式 (3.9) より，

$$F_{hkl} = \int_{単位胞} \rho(x, y, z) \exp[2\pi i \{hx+ky+lz\}] dv_r$$
$$= \int_{単位胞} \rho(x, y, -z) \exp[2\pi i \{hx+ky+(-l)(-z)\}] dv_r$$

となる．ここで，$z' = -z$ とおくと，

$$F_{hkl} = \int_{単位胞} \rho(x, y, z') \exp[2\pi i \{hx+ky+(-l)z'\}] dv_r$$
$$= F_{hk\bar{l}}$$

となる．この結果，$F_{hkl} = F_{hk\bar{l}}$ となるので，予想通り，波数空間でも $\boldsymbol{c}^*$ 軸に垂直な面 $(h, k, 0)$ が鏡面となる．

次に，鏡面の代わりに，c 軸に垂直な a 映進面が存在するとしよ

[†37] この場合，$\boldsymbol{a}$，$\boldsymbol{b}$ は鏡面に平行となり，c 軸と c^* 軸は同じ方向である．

う.この場合,ρ は,$\rho(x, y, z)=\rho(x+1/2, y, -z)$ という対称性を持つ.$\exp\{2\pi i(hx+ky+lz)\}=\exp[2\pi i\{h(x+1/2)+ky+lz\}-h\pi i]$ と変形できるから,

$$F_{hkl}=\int_{単位胞}\rho(x, y, z)\exp\{2\pi i(hx+ky+lz)\}dv_r$$
$$=\int_{単位胞}\rho\left(x+\frac{1}{2}, y, -z\right)\exp\left[2\pi i\left\{h\left(x+\frac{1}{2}\right)+ky+(-l)(-z)\right\}\right]\exp(-h\pi i)dv_r$$

となる.ここで,$x'=x+1/2, z'=-z$ とおく.$\exp(-h\pi i)=(-1)^h$ だから,

$$F_{hkl}=\int_{単位胞}\rho(x', y, z')\exp[2\pi i\{hx'+ky+(-l)z'\}](-1)^h dv_r$$
$$=(-1)^h F_{hk\bar{l}}$$

である.したがって,実空間が c 軸に垂直な a 映進面を持つ場合,$F_{hkl}=(-1)^h F_{hk\bar{l}}$ となり,構造因子そのものの分布は対称とならないが,構造因子の絶対値 $|F_{hkl}|$ の分布は $l=0$ の面について対称となる.実験で観測できるX線の強度は,構造因子の絶対値の2乗に比例するので,X線の強度の分布も鏡面を持つことになる.

一般的に述べると次のようになる.実空間が《対称操作》を持つ場合,4.3.3項で述べたように,これを点群対称操作 w と並進操作 $x_t\boldsymbol{a}+y_t\boldsymbol{b}+z_t\boldsymbol{c}$ に分けて考えることができる.波数空間の点 (h, k, l) が,点群対称操作 w により移される点の座標を (h', k', l') とすると,

$$F_{hk'l'}=F_{hkl}\exp\{-2\pi i(hx_t+ky_t+lz_t)\} \tag{4.1}$$

という関係式が成立する[†38].式(4.1)の両辺の絶対値をとると,

$|\exp\{-2\pi i(hx_t+ky_t+lz_t)\}|=1$ だから，

$|F_{hkl'}|=|F_{hkl}|$

が成立する．すなわち，実空間が《対称操作》を持つ場合，波数空間の $|F_{hkl}|$ の分布は，《対称操作》の点群対称操作部分に対応した対称要素を持つ．また，《対称操作》が点群対称操作の場合，$x_t=y_t=z_t=0$ であるから，$\exp\{-2\pi i(hx_t+ky_t+lz_t)\}=1$ となって，$F_{hkl'}=F_{hkl}$ である．すなわち，位相も含めた構造因子の分布が，実空間と同じ対称要素を持つ．

今までの議論をまとめると，結晶構造が表 4.4 の第 1 列の《対称操作》を持てば，波数空間における $|F_{hkl}|$ の分布は，表の第 2 列に対応する点群対称要素を持つことになる．

波数空間における $|F_{hkl}|$ の分布が実空間の対称性に対応した点群対称性を持つため，逆格子点の配列も同じ対称性を持つ．その結果，逆格子基底ベクトルも単位胞と同じような条件が課せられる．例えば，単斜晶系の場合，格子定数は，対称性に由来する $\alpha=\gamma=90°$ という制限を持つが，逆格子基底ベクトルも同じように，$\alpha^*=\gamma^*=90°$ という条件がある．これは式 (2.8) からも導ける．ただし，式 (2.8) から $\cos\beta^*=-\cos\beta$ となり，$\beta^*=180°-\beta$ である．これと同じように，六方晶系（広義）の場合，格子定数は，$\alpha=\beta=90°$，$\gamma=120°$ であるが，逆格子定数は，$\alpha^*=\beta^*=90°$，$\gamma^*=60°$ となる．いずれも，正三角形を 2 つ並べてできる菱形を底面とする柱体であるから，同じ対称性を持つ逆格子点の配列を生み出す

[†38] 元の位置を $\boldsymbol{x}$，移動後の位置を $\boldsymbol{x}'$ とすれば，並進を伴う《対称操作》は，4.3.3 項で述べたように $\boldsymbol{x}'=W\boldsymbol{x}+{}^t(x_t,\ y_t,\ z_t)$ と表せる．ここで，W は点群対称操作に対応する 3 次の直交行列（$W^{-1}={}^tW$）である．これを式 (3.9) に代入して導くことができる．

表 4.4　実空間の対称要素と $|F_{hkl}|$ の分布の対称要素の対応

結晶構造における《対称操作》	$|F_{hkl}|$ の対称要素	対称心を加えた場合の対称要素[b]
m, a, b, c, n, d	m	$2/m$[a]
$\bar{1}$	$\bar{1}$	$\bar{1}$
$2, 2_1$	2	$2/m$[a]
$3, 3_1, 3_2$	3	$\bar{3}(=3+\bar{1})$
$\bar{3}$	$\bar{3}$	
$4, 4_1, 4_2, 4_3$	4	$4/m$[a]
$\bar{4}$	$\bar{4}$	
$6, 6_1, 6_2, 6_3, 6_4, 6_5$	6	$6/m$[a]
$\bar{6}$	$\bar{6}$	

[a] N/m（N は数字）は，N 回回転軸とそれに直交する鏡面を表す．N が偶数の場合，これらの対称操作から自動的に対称心が発生するので $\bar{1}$ は省略した．
[b] 4.6.3 項を参照.

が，γ（あるいは，γ^*）とする角度の選び方が異なっている．

4.6.2　32 結晶点群

　波数空間における $|F_{hkl}|$ の分布が持つ対称性，すなわち，表 4.4 の第 2 列に示す点群対称操作の集合を**結晶点群**（crystallographic point group）と呼ぶ[†39]．結晶点群は 32 種類あり，合わせて 32 結晶点群という．

　結晶点群は $|F_{hkl}|$ の分布の対称性を示すだけではない．結晶の持つ多くの性質は，結晶が 32 結晶点群のいずれに属するかで決まる．例えば，結晶の外形の対称性は 32 結晶点群によって決まる．

---

†39　結晶群，あるいは，結晶族と呼ばれることも多い．

この結晶の外形の研究は，具体的な結晶構造が知られていない時代に始まっており，結晶学の源である．2.5.2 項で述べたミラー指数はその成果である．また，結晶が 32 結晶点群のいずれに属するかにより，圧電性，強誘電性，旋光性などの結晶の物理的な多くの性質の有無，あるいは，その性質を持つ方向を判定でき，32 結晶点群は固体物性科学の基礎の 1 つとなっている．

結晶点群を表す記号としては，分子の対称性を表すためによく使われるシェーンフリースの記号を利用することも可能だが，結晶点群・空間群を表すのに，**ヘルマン・モーガン記号**（Hermann-Mauguin symbol, **国際記号**とも言う）を使うのが普通である．この記号では，4.2 節，4.3 節で述べた対称要素の記号を組み合わせて，結晶点群を表す．

3 次元の 32 結晶点群の中身を見る前に，簡単な 2 次元の場合について見ておこう．この場合には，対称要素が回転点と鏡線しかないので，その組合せはわずかな数に限られる．すなわち，回転点は，1, 2, 4, 3, 6 の 5 種類であるので，回転点しか対称要素を持たない点群が 5 種類ある．これらに，それぞれ鏡線 m を付け加えた点群も 5 種類考えられる．実際，2 次元の結晶点群は，図 4.22 に示す 10 種類である．

図 4.22 には，結晶点群の記号も記されている．(a) は対称要素がない場合で，記号は 1 回回転点と同じ 1 である．(b)〜(f) は，対称要素が 1 つだけの場合で，その対称要素の記号が点群の記号となっている．(g)〜(j) は，回転点と鏡線の両方を対称要素として持つ点群で，記号は回転点の記号に m が付け加えられている．ただし，(i) $3m$ の場合，m が 1 つだけ加えられ，他の点群では mm と 2 個加えられている．これは，一見，間違いのように見えるが，正しい書き方であって，(i) では鏡線が 1 種類，その他では 2 種類

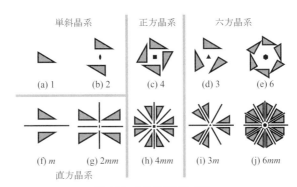

図 4.22　2 次元の結晶点群
図の中心にある多角形などの図形は，それぞれの回転点の位置を図示するために通常使われる記号である．

あることを示している．例えば，(h) を見ると，水平，垂直の鏡線は，直角三角形の直角を挟む辺に平行となっているが，斜めの鏡線は，斜辺に沿っていて，種類が異なっている．一方，(i) では，すべての鏡線が，直角を挟む辺に平行である．

N 回回転点と鏡線が存在する場合，鏡線は必ず N 個存在する．N が奇数の場合，1 つの鏡線を回転操作で移すことにより他の $N-1$ 個の対称要素が発生するので，これらは対称操作で移りあう鏡線であって同じ種類である．これに対し，N が偶数の場合，1 つの鏡線から回転操作で対称要素を発生させていくと，回転が 180°以上になった段階から発生ずみの鏡線と重なるため，もとの対称要素を含めて $N/2$ 個しか発生しない．残りの $N/2$ 個は，鏡映と主軸の回転操作を続けて操作することで発生する鏡面であり，異なる種類になっている．

さて，本題の 3 次元の結晶点群について，まず，ヘルマン・モーガン記号の文法から説明しよう．この記号の基本的なルールは，次

の通りである．

(1) 対称性を示す軸ごとに対称要素を示す．
(2) 対称要素は対称軸（回転軸と回反軸）と鏡面に分けて考える．
(3) 1つの軸方向に，対称軸と鏡面の両方が存在する場合，対称軸を分子，鏡面を分母とする分数の形で示す（例：$\dfrac{6}{m}$ または $6/m$）．
(4) 複数の対称要素が，他の対称操作で互いに結びつけられる場合，その中の1つしか表示しない．例えば，c 軸方向に 4 回回転軸があるとしよう．このとき，a 軸方向に 2 回回転軸があれば，これを 4 回回転軸で回転した b 軸方向にも 2 回回転軸が存在するが，これは記載せず，a 軸方向の対称要素だけを書く．
(5) 単斜晶系，正方晶系，六方晶系については，最初に，主軸の対称要素を書く．また，立方晶系では，図 4.13 で示した立方体の向かい合う面の中心を結ぶ方向の対称要素（2，m，4，$\bar{4}$）を先頭に記し，次に体対角線方向の対称要素（3 または $\bar{3}$）を記す．これらの後，他の軸の対称要素を記すが，順序は特に定められていないので，複数の書き方があり得る．主軸が特に定まらない直方晶系ではどの順序で書いてもよく，$mm2$ でも $2mm$ でも同じである．

32 結晶点群に含まれる点群を表 4.5 に示した．この表は，次のように構成されている．主軸の次数は，1（＝対称軸なし），2, 3, 4, 6 の 5 種類があるので，表 4.5 の各列（右端を除く）に示されるグループが作られる．表の一番上の 2 行に記された結晶群は，

表 4.5 32 結晶点群[a]

	$N=1$		$N=2$	$N=4$	$N=3$	$N=6$	$N=2$ および 3
N	1 $1[C_1]$	単斜晶系	2 $2[C_2]$	4 $4[C_4]$	3 $3[C_3]$	6 $6[C_6]$	23 $12[T]$
$\overline{N}$	$\overline{1}$ **c** $2[C_i]$		m $2[C_s]$	$\overline{4}$ $4[S_4]$	$\overline{3}$ **c** $6[S_6]$	$\overline{6}$ $6[C_{3h}]$	$m\overline{3}$ **c** $24[T_h]$
N/m			$2/m$ **c** $4[C_{2h}]$	$4/m$ **c** $8[C_{4h}]$	$=\overline{6}$	$6/m$ **c** $12[C_{6h}]$	$=m\overline{3}$
$N2$		直方晶系	222 $\times[D_2]$	422 $\times[D_4]$	32 $6[D_3]$	622 $12[D_6]$	432 $24[O]$
Nm			$mm2$ $4[C_{2v}]$	$4mm$ $8[C_{4v}]$	$3m$ $6[C_{3v}]$	$6mm$ $12[C_{6v}]$	$\overline{4}3m$ $24[T_d]$
$\overline{N}m$			$=mm2$	$\overline{4}2m$ $8[D_{2d}]$	$\overline{3}m$ **c** $12[D_{3d}]$	$\overline{6}2m$ $12[D_{3h}]$	$m\overline{3}m$ **c** $48[O_h]$
N/mm			mmm **c** $8[D_{2d}]$	$4/mmm$ **c** $16[D_{4h}]$	$=\overline{6}2m$	$6/mmm$ **c** $24[D_{6h}]$	$=m\overline{3}m$
	三斜晶系	単斜晶系	直方晶系	正方晶系	六方晶系（広義）		立方晶系

[a] 上段の N は主軸の次数．左端の欄は主軸 N とその他の対称要素の組合せを示す．立方晶系については，N は 3 として対応づけている．各欄で書かれている内容は順に次の通りである．(1) 32 結晶点群のヘルマン・モーガンの記号．(2) 対称操作の数（位数という）．先頭に **c** が付いている場合は，対称心あり，そうでなければ対称心なし．(3) シェーンフリースの記号（[ ] 内）．なお，"=" が書かれている欄は，"=" の右に書かれている結晶点群と同じになることを示している．

それぞれの主軸だけが対称要素となる場合（N, $\overline{N}$）である．主軸に垂直な鏡面を付け加えると N/m や $\overline{N}/m$ で表される結晶点群が得られる．主軸を含む鏡面を付け加えると Nm や $\overline{N}m$ で表される結晶点群となる．同様に，$N2$ は主軸に直交する 2 回回転軸が存在する場合である．

2 次元の結晶点群のところで述べたが，主軸が N 回回転軸で，これに垂直な 2 回回転軸，あるいは，これを含む鏡面が存在する場

合，これらは必ずN個存在する．Nが奇数の場合，1つの対称要素を回転操作で移すことですべて発生するので，これらは同種であって，ルール (4) から記号では1つしか表示されない（例：32, 3m）．一方，Nが偶数の場合，上で述べた2次元の場合と同じように，これらの対称要素は2種類あるので，ルール (4) は，半分ずつのグループに適用され，422, 6mmのように，主軸以外に2つの対称要素が表記される．

N/mm $\left(=\dfrac{N}{m}m\right)$ は，主軸に垂直な鏡面と，主軸を含むN個の鏡面の両方が付け加えられた場合の結晶点群である．この場合，主軸に垂直なN本の2回回転軸が，主軸に垂直な鏡面と主軸を含む鏡面の交線に自動的に生じる．

表 4.5 の右端の列は，立方晶系のグループである．このグループは，4.4.2 項で述べたように，4本の3回軸と3本の2回軸が斜めに交わっている．これらに，3回軸を主軸と考えて上で述べたのと同じように鏡面や2回回転軸を付け加えると，右端の列の結晶点群が生成する．3番目の要素として2がある場合，この2回軸は，立方体の斜めに向かい合う辺の中点を結ぶ方向（面対角線方向），すなわち，1つの結晶軸とは直交し，他の2つの軸とは45°の角度をなす方向で，合計6本ある．また，3番目の要素にmがある場合，この鏡面は，斜めに向かい合う辺を含む面で6枚ある．

23 と 32 や，$m\bar{3}$ と $\bar{3}m$ は，見かけはよく似ているが，全く異なる結晶点群である．すなわち，3 または $\bar{3}$ が先頭にあれば六方晶系（広義），2番目にあれば立方晶系である．

4.6.3 ラウエクラス

実空間が対称心を持てば波数空間も対称心を持つが、さらに、3.2.2項でフリーデル則（式 (3.12)）として述べたように、実空間が対称心を持たなくても $|F_{\bar{h}\bar{k}\bar{l}}| = |F_{hkl}|$ が近似的に成立する。波数空間で対称心が付け加えられると、偶数次の回反軸（$\bar{2} = m$, $\bar{4}$, $\bar{6}$）は同じ次数の回転軸とそれに直交する鏡面を持つようになる。一方、3回反軸はもともと対称心を自動的に持っているので、そのままである。その結果、表4.4の第3列のように、実空間の対称要素が、波数空間での構造因子絶対値の分布の対称性に反映する。つまり、第3列が $|F_{hkl}|$ の分布の持つ近似的な対称要素である。実際のX線回折の実験では、通常、$|F_{hkl}|$ と $|F_{\bar{h}\bar{k}\bar{l}}|$ の差はごくわずかである。このため、実験的に得られた $|F_{hkl}|$ の分布からは、表4.5の第3列の対称要素しか識別できないのが普通である。つまり、実際のX線回折の実験で確実に判別できるのは、結晶点群ではなく、対称心をさらに付け加えた場合に生じる結晶点群の種類である。ここで、もともと対称心のある結晶点群は、対称心を付け加えても同じであり、対称心がない結晶点群の場合には、対称性の高い結晶点群となる。対称心を加えて生じる結晶点群の種類によって結晶点群を分類すると11種類となるが、これらは**ラウエクラス**（Laue class）と呼ばれている[†40]。各ラウエクラスに属する結晶点群を表4.6に示した。例えば、ある結晶の回折データから $|F_{hkl}|$ の分布が $4/m$ の対称性を持つことがわかった場合、この結晶は正方晶系で、属する結晶点群は $4/m$, 4, $\bar{4}$ のいずれかである。

[†40] 対称心を持つ結晶点群をラウエ群と呼ぶが、これをラウエクラスの意味で使うことがある。

表 4.6 結晶点群のラウエクラスによる分類[a]

晶系	ラウエクラス	
三斜晶系	$\bar{1}, 1$	
単斜晶系	$2/m, 2, m$	
直方晶系	$mmm, 222, mm2$	
正方晶系	$4/m, 4, \bar{4}$	$4/mmm, 422, 4mm, \bar{4}2m$
六方晶系(広義)	$\bar{3}, 3$	$\bar{3}m, 32, 3m$
	$6/m, 6, \bar{6}$	$6/mmm, 622, 6mm, \bar{6}2m$
立方晶系	$m\bar{3}, 23$	$m\bar{3}m, 432, \bar{4}3m$

[a] 表の各欄に書かれている結晶点群は同一のラウエ類に属する.各欄で,左端に書かれている結晶点群だけが対称心を持つ.このため,同じラウエクラスの結晶では,構造因子は近似的に,左端の結晶点群の対称性を持つ.各ラウエクラスを記号で表す場合,この左端の結晶点群の記号を使うのが普通である.

4.7 空間群

空間群の記号のリストは付表にある.また,平面群については,付図に記号とともに例となるパターンを示した.本節を読むにあたっては,必要に応じ参照してほしい.

4.7.1 空間群記号の解読

空間群を表すヘルマン・モーガン記号は,手間さえ掛ければ,その短い記号から,その空間群の持つあらゆる対称操作を導けるように作ってある.先人の知恵の凝縮したものであり,結晶の対称性を理解するために非常に有用な道具である.ただし,短い記号に豊富な内容を盛り込んであるため,これを理解するには,その文法とも言うべきルールを知る必要がある.

空間群の記号は,先頭に,前節で述べた単純格子・複合格子を表

す記号（P, C, F など）があり，その後に，対称要素を表す記号（対称要素の列）が続く．対称要素の列の文法は，基本的には，4.6節で述べた結晶点群の記号の文法と同じである．実際，空間群記号の対称要素の列で，映進面を m に，らせん軸 N_k を回転軸 N に置き換えれば，その空間群が属する結晶点群の記号となる場合が多い．ただし，単純単位胞ベクトルの向きと対称要素の方位関係を指定する必要があるので，結晶点群記号とは異なり，対称要素を記載する順序が定まっている．以下，空間群の記号の解読法を述べる．

結晶系の判定：空間群でも主軸に関する対称要素を最初に記載することは，結晶点群の場合と同じであるが，それ以降の対称要素を記載する順序は，結晶系に依存する．このため，まず，結晶系を読み取る必要があるが，これは図 4.23 のスキームに従えばよい．

対称要素の列における順序：結晶系が決まれば，表 4.7 を用いて，記されている対称要素の方向がわかる．なお，対称面（鏡面，映進面）については，その法線の方向が表 4.7 に従っている．

対称心の有無：このすぐ後で述べるように，対称心を持つ空間群では，2 種類の表記が存在する場合がある．また，空間群を理解するには，結晶系を読み取り，次に対称心の有無を判定するという手順が普通である．空間群記号から対称心の有無を読み取ることは比較的簡単で，結晶系に応じて以下のような要素の並びがあるかチェックし，もし，あれば対称心があると判定できる．

(1) 三斜晶系，六方晶系（主軸の次数が 3）[41]→奇数次の回反軸（$\bar{1}$, $\bar{3}$）．（奇数次の回反軸は，それ自身が対称心を含んでいるので，自動的に対称心が存在する．）

(2) 単斜晶系，正方晶系，六方晶系（主軸の次数が 6）→主軸とそ

れに直交する対称面．（偶数次の回転軸，または，らせん軸に直交する対称面があると，対称心が発生する．例えば，6/c や $2_1/a$ という組合せがあると対称心が存在する．）

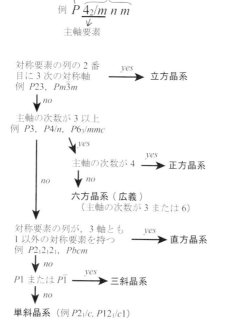

図 4.23 空間群の記号から結晶系を決めるフローチャート

---

†41 立方晶系では，対称要素の列の2番目に3次の対称軸が現れるが，これについても，新しいルールでは対称心があれば $\bar{3}$ とすることになっている．ただし，古いルールでは対称心の有無にかかわらず3で表していたので，(3) の方法で判定するのが安全である．

表 4.7 空間群記号で記載される対称要素の方向[a]

結晶系	第1要素	第2要素	第3要素
三斜晶系	[1 or $\bar{1}$]	—	—
単斜晶系－短縮表記[b]	b	—	—
単斜晶系－完全表記[b]	a [1]	b	c [1]
直方晶系	a	b	c
正方晶系	c	a	$a+b$
六方晶系	c	a	$2a+b$[c]
立方晶系	c	$a+b+c$ [3 or $\bar{3}$]	$a+b$

[a] 表のグレーの部分は,必ず含まれる要素.グレーでない部分の要素は,属する結晶点群に応じて対称要素が存在しない場合があり,そのときは,何も記載されない.
[b] 主軸が b 軸方向である場合(通常の設定).
[c] a 軸から 30° 回転した方向で,b 軸に直交する方向.

(3) 直方晶系,立方晶系→直交する3枚の対称面.(直方晶系では,$Pbam$ のように3つ面の記号が並んでいれば,3枚の対称面が直交している.また,立方晶系では,$Pm\bar{3}$ や $Pa\bar{3}$ のように,対称要素の列の先頭に対称面の記号があれば,各軸に垂直な方向に面が存在するので,条件に当てはまる.)

完全表記と短縮表記:空間群の記号には,完全表記と短縮表記の2通りの表記が存在するものがあり,これは2種類の場合に分けられる.ただし,普通に使われるのは,短縮表記である.

1つは,対称心が存在する空間群の場合である.対称心が存在すると,対称面と,それに直交する2回対称軸(2回回転軸または2回らせん軸)は,一方が存在すれば,他方も存在するという関係をもっている(4.3.3項).このため,空間群の記号には,

両方を表記する完全表記と，面だけを表示する短縮表記の両方がある．ただし，主軸（直方晶系を除く）については，面だけを書くと主軸の次数がわからないし，対称心の有無も判定できないので，対称軸と対称面の両方を記す．例としては，完全表記なら $P4/m2_1/b2/m$ である空間群は，短縮表記では $P4/mbm$ となる．

なお，複合格子の場合，同じ軸方向に2種類の対称面，対称軸が生じるが，完全表記でも1つの軸方向について記載するのは，対称軸が1つ，対称面が1つである．例えば，短縮表記で $Immm$ である空間群は，完全表記では $I2/m2/m2/m$ となり，2_1 らせん軸や，n 映進面も持っているが，これらは記号には表示されない．

完全表記と短縮表記の区別が生じる第2のケースは，単斜晶系の場合である．この場合，いずれの軸を主軸としているかを明示するために，対称心の有無にかかわらず，短縮表記と完全表記の区別がある．例えば，$P12_1/c1$ は，b 軸を主軸としていることを明示している．短縮表記の場合，空間群の記号は $P2_1/c$ となり，いずれの軸が主軸か，記号だけからはわからない．通常は，短縮表記が用いられる．

対称要素の列における1の意味：空間群の記号が結晶点群の記号とはっきり異なるのが，$P3m1$ や $P312$ のように，3回対称軸を主軸とする空間群で，主軸以外の方向に対称要素を持つ場合である．この場合，結晶点群の場合とは異なって，対称要素の方向が a 軸方向か，a 軸から30°回転した方向のどちらかを示すために，恒等操作1の記号が不可欠となる．つまり，$P3m1$ と $P31m$ は，同じ結晶点群 $3m$ に属するが，m の向きと a 軸の向きの関係が異なっている．ここでよく間違うのは，「対称面の方向は，その法線の向きで表す」ことをうっかり忘れてしまうことである．つ

まり，a 軸方向の対称要素として主軸の後に表示するのは，a 軸方向を法線とする対称面である．しかし，ab 平面上に対称要素を描く場合，法線ではなく交線を表示するので，a 軸から 90° 回転した方向に面が描かれることになる．例えば，$P3m1$ の鏡面は，a 軸方向が法線の面と，それを 3 回回転軸で回転した面，すなわち，ac 平面を 90°，30°，$-30°$ 回転した 3 つの方向の面である．一方，$P31m$ では，ac 平面が鏡面となっていて，これに 3 回回転軸で回転して得られる鏡面が付け加わる．平面群でこれと同じ違いが生じるのが，付図の (14) $P3m1$ と (15) $P31m$ である．

上記のように $P3xx$ 型の空間群では，主軸に直交する 2 方向で，一方は対称性なし，他方は対称性あり，となっていて，これらを交換すると，別の空間群となる．それ以外の結晶系でも，主軸に直交する 2 方向で異なる対称性をもち，これらを交換すると異なる空間群となる場合はいくつもある．例えば，$P4_2cm$ と $P4_2mc$，$P\bar{4}2c$ と $P\bar{4}c2$，$P4_2/mmc$ と $P4_2/mcm$，$P6_3cm$ と $P6_3mc$，$P\bar{6}c2$ と $P\bar{6}2c$，$P6_3/mcm$ と $P6_3/mmc$ などである．

4.7.2 結晶軸の選び方に依存する空間群記号

単斜晶系と直方晶系では，結晶軸の取り方に応じて空間群の記号が変わる．まず，単斜晶系の場合については，映進面が存在するとき，その並進方向が図 4.24 に示すように，単位胞ベクトルの取り方に依存する．この結果，例えば，対称要素として b 軸に垂直な映進面だけを持つような結晶構造の場合，その空間群の記号は，単位胞ベクトルの選び方に応じて，Pc，Pn，Pa の 3 種類に変化する．

直方晶系の場合は，3 つの結晶軸は対称性から決定されるが，そ

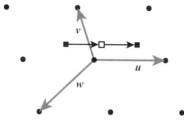

図 4.24 映進面の記号
b 軸が主軸である単斜晶系の映進面を示す．●は格子点を示し，単位胞ベクトル c, a は，u, v, w の中から 2 個が選ばれる．映進面によって，■の位置にある原子は，矢印方向に $u/2$ だけ移動するとともに紙面垂直方向に鏡映されて，□ の位置に移る．この u 方向の並進移動は，座標軸の選び方に応じて，$c=u$, $a=v$ なら c 方向，$c=v$, $a=w$ なら n 方向，$c=w$, $a=u$ なら a 方向となる．

れをどのように a 軸，b 軸，c 軸に割り振るかという点で自由度があり，その割り振り方に応じて空間群の記号が変化する．対称要素が映進面以外であれば，単に，a 軸，b 軸，c 軸の順に対称要素を並べればよいが，映進面が存在する場合には，映進方向も座標軸の取り方に依存するので，注意する必要がある．例えば，ある座標軸の取り方で $Pban$ という記号で表される結晶構造を次のように変更する場合を考えてみよう．

現在の座標軸	a 軸	b 軸	c 軸
	(b)	(a)	(n)
	↓	↓	↓
新しい座標軸	b 軸	c 軸	a 軸

新しい座標軸の取り方で空間群を表す場合，次のように，2 段階で考えればよい．

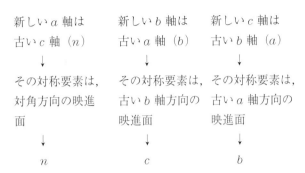

したがって，新しい座標軸では，空間群の記号は，$Pncb$ となる．このような変換を行う場合には，*International Tables for Crystallography*, Volume A に，座標軸の取り方に応じた空間群の記号の表があるので，それで確認するのがよい．

4.7.3 《対称操作》と並進対称操作の組合せ

結晶構造では，1つの対称要素を並進対称操作で移動することにより，無数に対称操作が生成するが，それ以外の対称要素も自動的に生じてくる．例えば，鏡線を持つ平面群 pm では，図 4.25 に示すように，鏡映して並進対称操作で移動すると，もとの鏡線を $\boldsymbol{a}/2$

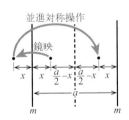

図 4.25 鏡映と並進対称操作の組み合わせ
最初に仮定した鏡線 m（太い実線で表示）の他に破線で示した鏡線が生じる．

だけ移動した鏡線を使って鏡映するのと同じとなる．つまり，《対称操作》と並進対称操作を引き続けて行うと，新たな《対称操作》となるが，これが別の新たな対称要素による《対称操作》と同じになるので，結果として，新たな対称要素が存在することになる．

上で述べたように，並進移動操作によって鏡線が等間隔に並んでいる場合，ちょうどその中間に，別の鏡線が自動的に生成する．例として，付図の (3) pm，(6) $p2mm$ などを見れば，2種類の鏡線が交互に並んでいることがわかる．ただし，これは，鏡線と並進移動ベクトルが直交している場合で，隣り合う鏡線を結びつける並進移動ベクトルが鏡線と斜めに交わる場合には，鏡線のちょうど中間に映進線が生じる．例えば，(11) $p4mm$ の結晶軸と 45°の角度をなしている鏡線や，(14) $p3m1$，(15) $p31m$ では，鏡線と映進線が交互に並んでいる．

同じようなことが，対称心でも生じ，(0, 0, 0) が対称心となっていれば，単純格子では，結晶座標が 0 と 1/2 の組合せからできているすべての点が対称心となる．つまり，対称心のある単純格子の構造では，単位胞あたり 8 個の対称心が存在する．

回転軸についても，並進対称操作との組合せにより，さまざまな回転軸が生じる．例えば，6回回転軸が原点に存在すると，(2/3, 1/3, z) と (1/3, 2/3, z) に 3 回回転軸が，(1/2, 0, z)，(0, 1/2, z)，(1/2, 1/2, z) に 2 回回転軸が存在する（付図 (16) $p6$）．対称要素と並進対称性の組合せにより，新たにどのような対称要素が生じるかは，個々の対称要素や単純格子・複合格子の別に依存する．具体的には，付図や *International Tables for Crystallography*，Volume A を見ると，いろいろな場合があることがわかる．

4.7.4 ワイコフ記号と原点選択

結晶中の一般的な点について,単位胞1個あたりに存在する等価な点の数は,単純格子では《対称操作》の数であり,複合格子では,それに,単位胞あたりの格子点の数(例えば,P なら1,C なら2)を掛けた数である.しかし,《対称操作》に点群対称操作が含まれていれば,点群対称操作で動かない点については,その数は,少なくなる.例えば,平面群 $p2$ の場合,一般の点であれば,2回回転軸で等価な点が発生するので,等価点の数は2であるが,2回軸上の点については等価点の数は1となる.また,2回回転軸は,上で述べたように,並進対称操作との組合せで,単位胞あたり合計4つある(付図 (2) $p2$).これらの2回回転軸上の点は,すべて,等価点の数が1である点であるが,これらは,互いに等価ではない.したがって,平面群 $p2$ の構造では,その中の点は,2回軸上の点が4種類と一般の点の5種類に分類され,前者の4つは,$1a$,$1b$,$1c$,$1d$,後者は,$2e$ という記号が付けられている.

このように,空間群・平面群ごとに,構造中の点が対称性によって分類され,記号が付けられている.記号うち,最初の数字は,単位胞あたりの等価点の数で,**多重度** (multiplicity) と呼ばれている.一方,後ろのアルファベット文字は,**ワイコフ文字** (Wycoff letter) と呼ばれていて,多重度の小さい位置から a,b,…と順に割り振られている[†42].通常は,$2e$ のように,多重度とワイコフ文字を合わせて,構造中の位置の種類を示す記号として用いられ,それぞれの記号で表される位置は**ワイコフ位置** (Wycoff position) と呼ばれている.上で述べたように,それぞれのワイコフ位置は,一般の位置を除き,何らかの点群対称要素の上にあり,結晶全体を動

[†42] 26種類以上のワイコフ位置を持つ空間群は1つあり ($Pmmm$),27番目のワイコフ文字として a が使われている.

かす《対称操作》の中心点となっている．複数の点群対称要素の交点となっている場合には，その点はさらに高い対称性の中心となっている．それぞれのワイコフ位置での《対称操作》の数と，その位置の多重度を掛け合わせると，一般の位置の多重度と等しくなる．*International Tables for Crystallography*，Volume A の各空間群の記載では，ワイコフ文字の次にそれぞれの位置の対称性がヘルマン・モーガン記号を用いて記されている．

対称性の高い構造では，各原子がいずれのワイコフ位置を占めているかがわかれば，ほとんど構造が決まってしまう場合もあり，特に対称性の高い結晶構造では有用な記号である．例えば，図 4.1 に示した $Fe_3Al_2Si_3O_{12}$ は空間群が $Ia\bar{3}d$ で，各原子のワイコフ位置は，Al 16a，Fe 24c，Si 24d，O 96h で表される．それぞれの位置の対称性は，$\bar{3}$，222，$\bar{4}$，1 であり，対称操作の数は 6，4，4，1 であるから，多重度（16，24，24，1）を掛けるとすべて 96 となる．

各位置の対称性は，その位置にある原子の配位多面体の対称性を示すので，$Fe_3Al_2Si_3O_{12}$ の場合，次のようなことがわかる．Al は，$\bar{3}$ の対称性の位置にあるので，AlO_6 八面体は結晶の 3 回軸方向に伸びる，あるいは，縮む可能性がある．AlO 結合距離はすべて等しいが，OAlO 角は，厳密に 180°が 3 つ，約 90°が 2 種類あって，それぞれ 6 つずつある．Fe は複雑な 8 配位であるが，222 の点群対称操作の数が 4 であることから，FeO 距離が 2 種類ある．Si は，$\bar{4}$ の位置にあるので，SiO_4 四面体は結晶軸方向に伸びたり縮んだりする可能性があり，結合角は，2 つと 4 つの 2 種類となる．

空間群の記号は，空間群がどのような対称要素で構成されているかを示しているので，座標原点の位置は空間群の記号には含まれない．通常，結晶構造を議論する場合，座標の原点を，最も対称性の高い位置，すなわち，ワイコフ文字が a である点に置くのが，構

造を理解しやすい選択である.ただし,X線構造解析では,対称心のある構造については,対称心の位置に原点を置くと構造因子がcos関数だけの関数となって計算が簡単化されるため(3.2.2項),対称心の位置に原点を置くことが好都合である.つまり,原点の選び方には,多重度が高いという基準と,対称心という2種類の基準がある.対称心がある構造の場合,最も多重度の高い点(=ワイコフ文字がaの点)が対称心でもあれば問題はないのだが,そうでない場合,いずれの基準を用いるかで2通りの選択がある.このような選択が生じる空間群が24個あり,これらの空間群では,**原点選択**1(origin choice 1)としてワイコフ記号aの点を原点に選んだ座標系を用いて,また,原点選択2(origin choice 2)として対称心を原点に選んだ座標系を用いて,それぞれ,等価点の座標などが記載されている.付表では,原点選択のある空間群に*を付けてある.

ダイヤモンド構造は,空間群$Fd\bar{3}m$に属し,炭素原子の位置は$8a$である.原点選択1では原点は$8a$にあり,炭素原子の位置に一致する.ダイヤモンド構造の炭素は正四面体配位をとっているから,この位置は正四面体の中心であり,対称心ではない.原点選択2では,原点は$16c$にある.この位置は,炭素-炭素結合の中点の位置で,対称心となっている.

なお,X線構造解析では,対称心の上に原点を置くことが常識的であるから,普通は,原点選択2を選ぶ.もし,原点選択1を選ぶ場合には,対称心なしとして,種々の計算を行う必要がある.

4.8 映進面・らせん軸による消滅則

4.8.1 映進面・らせん軸による消滅則

X線構造解析の最初の段階は空間群の選択である．まず，最初に格子定数と複合格子による消滅則から，ブラベーフロックを絞ることができる．次に，波数空間における構造因子分布の対称性から，11種のラウエクラスとブラベーフロックを決定できる．これで結晶の対称性は24種類に分類できるが，230種の空間群のいずれであるかを選ぶにはさらに情報が必要である．ここで有力な手がかりとなるのが，映進面・らせん軸による消滅則である．

4.6.1項で述べたように，実空間での並進を伴う《対称操作》が存在するとき，《対称操作》を点群対称操作と並進操作に分けて考え，波数空間の点 (h, k, l) が点群対称操作により点 (h', k', l') に移され，並進部分がベクトル $x_t\boldsymbol{a}+y_t\boldsymbol{b}+z_t\boldsymbol{c}$ で表されるとして，構造因子は式（4.1）の関係を持つ．

$$F_{hk'l'} = F_{hkl}\exp\{-2\pi i(hx_t+ky_t+lz_t)\} \qquad (4.1) \text{再掲}$$

ここで，対称操作によって動かない逆格子点について考えよう．例えば，実空間で c 軸に垂直な a 映進面があるとしよう．波数空間で c^* 軸に垂直な面による鏡映を考えると，この面上の点 $hk0$ は鏡映によって動かない．つまり，$F_{h\bar{k}0}=F_{hk0}$ である．これと，$x_t=1/2$, $y_t=z_t=0$ を上の式に代入すれば，$F_{hk0}=F_{hk0}\exp(-2\pi ih/2)$，すなわち，$F_{hk0}=(-1)^h F_{hk0}$ となるから，h が奇数であれば，$F_{hk0}=0$ である．

実空間で並進を伴う《対称要素》が存在する場合，波数空間の対応する対称操作で移動しない逆格子点上の構造因子は，ある指数では必ず0となる．逆に言うと，構造因子が0でない値をとるため

の必要条件が存在する．これが，映進面，らせん軸による消滅則である（表4.8，表4.9）．

これらの消滅則が確認できれば，空間群がかなり絞られる場合が多い．例えば，直方晶系において，$0kl$ について $k=2n$，$h0l$ について $l=2n$，$hk0$ について $h=0$ という3種類の個別消滅則が確認されれば，可能な空間群は $Pbca$ の1つだけになる．このように空間群が1つに絞られる場合は少なく，対称心ありの空間群の候補が1つ，対称心なしの候補が1つ，あるいは，それ以上，考えら

表4.8 映進面による消滅則（構造因子が0でないための必要条件）

		映進面の面の向き		
		a 軸に垂直	b 軸に垂直	c 軸に垂直
並進方向	a	—	$h0l$, $h=2n$	$hk0$, $h=2n$
	b	$0kl$, $k=2n$	—	$hk0$, $k=2n$
	c	$0kl$, $l=2n$	$h0l$, $l=2n$	—
	n	$0kl$, $k+l=2n$	$h0l$, $h+l=2n$	$hk0$, $h+k=2n$
	d[a]	$0kl$, $k+l=4n$	$h0l$, $h+l=4n$	$hk0$, $h+k=4n$

[a] 表に示すのは F 型の場合である．I 型の場合には，映進面が $(1\bar{1}0)$ や (110) などであり，消滅則も hhl, $h\bar{h}l$ について，$2h+l=4n$ などとなって，複雑である．

表4.9 c 軸方向のらせん軸による消滅則（構造因子が0でないための必要条件）[a]

対称要素	$2_1, 4_2, 6_3$	$3_1, 3_2$	$4_1, 4_3$	$6_1, 6_5$
$00l$ が0でないための必要条件	$l=2n$	$l=3n$	$l=4n$	$l=6n$

[a] c 軸以外の方向のらせん軸の場合には，らせん軸の方向に対応する指数について同じような条件となる．例えば，a 軸方向の 2_1 らせん軸なら，$h00$, $h=2n$ という条件となる．

れる場合が多い．例えば，ラウエクラスが mmm の単純格子で，a 軸に垂直な b 映進面だけが消滅則から確認されたとしよう．この場合，可能な空間群は，対称心ありとしては $Pbmm$，対称心なしとしては $Pb2_1m$，$Pbm2$ があり，合計3種類の空間群が考えられる．このうち，$Pb2_1m$ は，2_1 のらせん軸の消滅則から識別できそうに思えるが，その消滅則（$0k0$，$k=2n$）は，b 映進面の消滅則（$0kl$，$k=2n$）の一部分でもあるから，その有無は確認できない．実際の作業では，観測された消滅則から可能な空間群を選ぶための表が *International Tables for Crystallography*，Volume A や X 線構造解析の教科書に掲載されているので，それらを参照すれば，漏れなく可能な空間群を選び出せる．

4.8.2 見かけの消滅則

個別消滅則を使った対称要素の判定で注意すべきことは，並進を伴う《対称操作》が存在すれば，個別消滅則が必ず存在するが，その逆は言えないことである．つまり，個別消滅則が観測されたからといって，それに対応する《対称操作》が必ず存在するとは言えないのである．特に，らせん軸に関する消滅則は $00l$ のように1つの方向だけを見ているため，たまたま見かけ上の消滅則が生じることは大いに可能性がある．というのは，$00l$ の構造因子は，各原子の z 座標だけが関係しているので，図 4.26 に示すように各原子を z 軸に投影した構造が周期的であれば，見かけ上，消滅則が生じてしまう．したがって，見かけ上，らせん軸に相当する個別消滅則が観測されても，らせん軸が存在することは確実ではないと考えるのが安全である．これに対し，映進面による消滅則は，対象となる回折の数がずっと多いので，通常は，かなり安心して映進面の存在を推定できる．

180 第 4 章 結晶構造の対称性

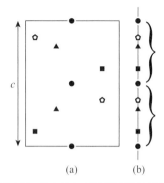

図 4.26 見かけ上の消滅則が生じる例
(a) 対称性のない構造．(b) (a) の構造を c 軸上に投影した図．投影した図では，$c/2$ の周期で，同じパターンが繰り返されていて，00l（l は奇数）の回折強度が 0 となる．

　逆に，存在する消滅則が，見かけ上，観測されない場合，つまり，強度が 0 となるべき回折が 0 でない強度で測定される場合もある．本書では全く触れなかったが，結晶で回折された X 線が，結晶内で再度回折されることは，当然，起こりうる（多重回折）．この現象が起こる条件と，たまたま，消滅則で消えるべき回折の回折条件が一致すると，見かけ上，消滅則が破られる．

4.8.3　回折強度のばらつき

　前項で述べたような特別な問題がないと仮定しても，消滅則を検討するにあたって，構造因子の値が 0 か，0 でないかの境界は，どこにあるのかという問題もある．これは，根本的には，測定データのばらつきという問題である．X 線の回折は，ランダムに生じる現象の測定であり，その測定値には常にばらつきがある．そのばらつきの大きさは，統計学によれば，次のようになる．一定時間あたり

の真の測定値がNカウントであれば,その一定時間の測定を無限に繰り返すと,測定値の平均値はN,測定値のばらつきの標準偏差σは$\sqrt{N}$となる.実際には,真の値がわからないので,真の値は,測定値Nを中心として分布していて,その標準偏差は$\sqrt{N}$であると,逆に考える.

回折X線の測定値は,回折によるX線以外にバックグラウンドのX線の強度が測定されている.そこで,バックグラウンドのX線強度を回折ピークの周辺でのX線強度の測定から推定し,これを差し引く必要がある.このバックグラウンドのX線強度も,その平方根に等しいばらつきがあるので,回折X線強度の測定値のばらつきとしては,単純な測定値のばらつきに,バックグラウンドのばらつきの効果も加える必要がある.このバックグラウンドのばらつきのため,回折強度が0に近づいても,ばらつきは0に近づかず,有限の値にとどまってしまう.このため,回折強度が弱い回折では,その強度は,測定のばらつきの中に埋まってしまう.

実際の測定では,回折X線の測定強度とそのばらつきから,回折角などに依存する一定値を掛けて$|F_{hkl}|^2$とそのばらつきの標準偏差$\sigma(|F_{hkl}|^2)$が得られる.次に,$|F_{hkl}|^2$の正の平方根をとって$|F_{hkl}|$をとることになるが,この変換は単純に見えて難しい問題を含んでいる.この変換に伴ってばらつきの標準偏差がどのように変化するか考えよう.例えば,$|F_{hkl}|^2$の値が10,000でその標準偏差が120であるとしよう.統計学の理論から,これは,9,880〜10,120の間に7割程度の確率で真の値が存在するだろうといえる.すなわち,$|F_{hkl}|$の値で考えれば,両側の値の平方根をとって,99.40〜100.60の範囲に7割程度の確率で存在することになる.このように測定値に比べばらつきが十分小さければ,測定値$|F_{hkl}|^2$の標準偏差が$\sigma(|F_{hkl}|^2)$のとき,$|F_{hkl}|$の標準偏差

$\sigma(|F_{hkl}|)$ は,

$$\sigma(|F_{hkl}|) = \frac{\sigma(|F_{hkl}|^2)}{2|F_{hkl}|} \tag{4.2}$$

で与えられる．実際，X線の回折データでは，この式を用いて$|F_{hkl}|$の標準偏差が計算されている．

問題となるのは，$\sigma(|F_{hkl}|^2)$ の値が $|F_{hkl}|^2$ と同程度か，それより少し強い場合である．例えば，$|F_{hkl}|$がその標準偏差に比べ3倍以上なら0でないという基準を考えてみよう．この条件ぎりぎりの場合，実際の数字を入れてみると，$|F_{hkl}|$の値が10であれば，$\sigma(|F_{hkl}|)$ の値は3.3となり，これを10±3.3と書いてみると，ほぼ間違いなく0でない値のような気がする．実際，正規分布で，「平均値－標準偏差の3倍」より小さな値となる確率は約0.1%しかない．しかし，この値の起源である$|F_{hkl}|^2$で考えれば，式(4.2)に $\sigma(|F_{hkl}|) = |F_{hkl}|/3$ を代入して，$|F_{hkl}|^2 = 1.5\sigma(|F_{hkl}|^2)$ となる．$|F_{hkl}|^2 = 100$ だから，$\sigma(|F_{hkl}|^2) = 66.7$ であり，これを100±67と書いてみると，本当に0ではないのか，怪しくなってくる．実際，統計学によれば，真の値が測定値の1.5σの範囲内に存在する確率は約86.6%であって，$|F_{hkl}|$の値が，$|F_{hkl}| - 1.5\sigma(|F_{hkl}|)$ 以下である確率は約7%程度ある．したがって，消滅則があるかどうかを調べる場合には，$|F_{hkl}|$ と $\sigma(|F_{hkl}|)$ のリストではなく，$|F_{hkl}|^2$ と $\sigma(|F_{hkl}|^2)$ のリストを使うほうが，的確に判断しやすいだろう．

4.9 対称心について

4.9.1 対称心のない結晶構造

結晶構造の持つ対称要素の中で，最も重要で，かつ，最も問題を

引き起こすことが多いのは対称心であろう.X線結晶構造解析は,構造因子が基礎データであり,構造因子はフリーデル則によって,結晶構造の中心対称性についての情報が消されてしまっているので,これは当然である.

対称心の有無は,消滅則を用いても判定できないことが多い.その場合,最も手軽な方法は,回折強度の分布からの推定である.これは,対称心のない構造であれば,構造因子は複素平面上で原点を中心としてほぼ等方的に分布し,対称心のある構造であれば実軸上に原点を中心として対称的に分布するだろう,という考え方に基づくものである.特に,微細な構造を反映する大きな波数の構造因子(=大きな回折角θの構造因子)の強度分布は,敏感に対称心の有無を反映するはずである.この方法で対称心の有無を判定するプログラムも,X線回折装置に伴うソフトウェアとして提供されている.これによって,対称心の有無を推定できることが多いが,しばしば,誤った推定を与えることもある.また,対称心のある構造か,あるいは,それからわずかにずれた構造か,という場合の判定には使えない.

対称心の有無を識別する最も強力な方法は,今のところ,レーザー光を結晶に照射し,半分の波長の光(第2高調波)の発生の有無を調べるものである.対称心が存在すれば第2高調波は発生せず,対称心が存在しなければ第2高調波を発生する.この現象は,SHG(second harmonic generation,第2高調波発生)と呼ばれている.残念ながら,この装置が使えるところはあまり多くなく,SHGのデータなしに空間群を選択しなければならないのが普通である.

対称心がない結晶構造であると,原子散乱因子の虚数項f''によって,原理的には,回折hklと$\bar{h}\,\bar{k}\,\bar{l}$の強度が異なってくる.無機

結晶の場合，原子散乱因子全体の値に対し，虚数項が大きな値を持つ元素を含む場合が多い（図 3.19）．このような場合，精密化を進めると，互いに反転操作で関係づけられる 2 つの結晶構造のいずれかに収束していく．これによって決定できることの中身は，次のように 3 種類に分けられる．

(1) 空間群自体が鏡像体の関係にある場合（例：$P3_1$ と $P3_2$, $P6_222$ と $P6_422$）：構造解析で決定される中身は，測定に用いた結晶の空間群である．分子結晶の場合には，鏡像体のいずれの分子を含むかを決定することになる．
(2) (1) 以外で，対称面（鏡面，映進面）や回反軸を含まない空間群の場合（例：$P2$, $P6_322$, $P23$）：空間群は 1 種類しかないが，結晶は鏡像体の関係にある 2 種類が存在するので，測定を行った結晶がいずれの種類であったかを決定する．分子結晶の場合には，(1) と同様に，鏡像体のいずれの分子を含むかを決定することになる．
(3) 空間群が対称面または回反軸を含む場合（例：Pc, $Pmm2$, $P\bar{6}$, $P\bar{4}3m$）：結晶構造を対称心で反転した構造は，ある軸の回りに 180° 回転した構造に等しいので，構造解析で決定される中身は，「回折データを測定する際，どちらの方向に結晶を取り付けたか」である．分子結晶の場合，ラセミ体となっているか，鏡面を持つ分子から構成されている．

対称心がない結晶構造の場合，反転操作で関係づけられる 2 つの構造のいずれか一方で結晶が構成されているのが普通であるが，精密化の最終段階では，あえて次のように考えて，定量的に判断するのが普通である．すなわち，測定に用いた結晶のなかに，反転操

作で関係づけられる2つの構造のうち,一方がc,他方が$1-c$の割合で含まれていると考えるのである.このcをフラック(Flack)パラメーターと呼ぶ.反転によって格子点の配列は変わらないから,このように2つの構造を含む結晶では,一方の構造の回折hklと他方の構造の回折$\bar{h}\,\bar{k}\,\bar{l}$とが重なって測定される.観測される回折強度は$c|F_{hkl}|^2+(1-c)|F_{\bar{h}\,\bar{k}\,\bar{l}}|^2$に比例するので,構造解析プログラムでは$c$を含めて精密化することができる.もし,$c$が0か1に収束し,その標準偏差が十分小さければ,単結晶がいずれの構造であるか,間違いなく決定できたことになる.もし,cがこれ以外の値に収束する場合には,最初の仮定が正しいとすれば,2種類の構造を含んだ双晶であるということになる.ただし,全体として測定値と観測値の一致が悪い場合や,cの標準偏差が大きい場合には,想定した空間群が間違いで,ほんとうは対称心があるのではないか,という可能性も検討を要するだろう.

4.9.2 中心対称的な構造からの小さなずれ

本節の最初に述べたように,X線回折のデータは,中心対称的な構造からのある種のずれに非常に鈍感である.これを実際の構造について見てみよう.

二炭化ストロンチウムSrC_2は図4.27に示すように体心格子(空間群$I4/mmm$)の構造で,対称心を持っている.Sr原子は対称心の位置にあり,2個の炭素は反転操作で結びつけられている.この元の構造から,炭素をずらして,構造因子が全体としてどの程度変化するかを計算してみた.炭素のずれは,方向としてa軸方向とc軸方向の2通り,2個のC原子の相対的なずれの向きとして,同じ向き(反対称的)と逆方向(対称的)の合計4通りを想定した.構造因子の全体としての変化は,X線構造解析のR値と同様の方法

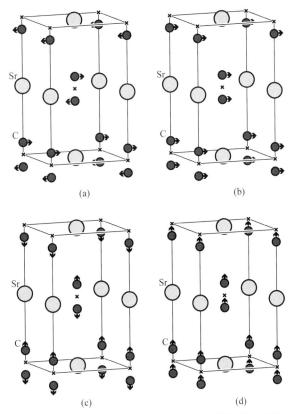

図 4.27 モデルとした結晶構造 SrC$_2$ における炭素原子のずれ
(a), (b) a 軸方向のずれ. (c), (d) c 軸方向のずれ. (a), (c) 対称的なずれ.
(b), (d) 反対称的なずれ.

で計算した.すなわち,元の構造とずれた構造の $|F_{hkl}|$ の差をすべての回折について足し合わせた値を,$|F_{hkl}|$ の和で割った値を R として用いた.

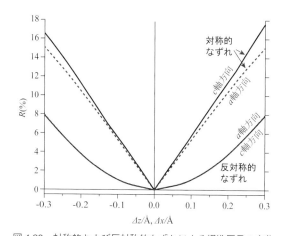

図 4.28 対称的および反対称的なずれによる構造因子の変化
図 4.27 に示した SrC_2 の炭素原子のずれ距離に対し,構造因子の絶対値が平均的にずれた割合をプロットしている.
構造データは無機結晶構造データベース (ICSD) 410317 による.ただし,原子変位パラメーター U は等方性とした(Sr 0.01 Å², C 0.02 Å²).設定は次の通り.空間群:$I1m1$,X線:MoKα(0.7107 Å),計算に用いた回折:$2\theta < 55°$,hkl と $\bar{h}\bar{k}\bar{l}$ は独立な回折とし,回折数308.

図 4.28 のグラフからわかるように,ずれの方向は構造因子の変化に大きな影響を与えず,2個の原子の相対的な動きが大きな影響を与える.例えば,元の位置から 0.1 Å ずれた場合,対称的なずれでは R 値が 5% を超えるが,反対称的なずれでは 1.1% にしかならない.$|F_{hkl}|$ の観測値は,条件のよい測定でも 2% 前後のばらつきがある.対称的なずれの場合には,平均的に 5% も $|F_{hkl}|$ が変化するので,観測値のばらつきよりもずっと大きく,そのずれを確実に求めることができる.しかし,反対称的なずれの場合,平均的に $|F_{hkl}|$ が 1% ずれるだけであるので,通常の回折データからは,ずれが生じていることは可能性があるとしか言えないだろう.反対称的なずれでは,2個の炭素の重心位置がずれるので,見た目

には大きな変化であるように思えるのだが、X線回折という方法では非常に見えにくいずれとなっている。

このように原子位置のずれが対称的か反対称的かで$|F_{hkl}|$への影響が大きく異なる原因を探ってみよう。まず、元の構造として中心対称的な構造を考える。そのなかで、反転で結びつく2原子a, bだけがずれるとする。まず、元の構造の構造因子F_{hkl}を、a, b原子の寄与分（F_a, F_b）とそれ以外の原子の寄与分F_oとに分けて考える。a, b以外の原子は中心対称性があるから、F_oは実軸上にある。また、a, bは反転で結びつく位置にあるので、F_aとF_bは互いに複素共役であり、その和（破線の矢印）は実軸上にある（図4.29(a)）。したがって、構造全体の構造因子F（灰色の太い矢印）も実軸上にある。

さて、原子a, bが対称的にずれたとしよう。原子の位置がずれると、a, bの寄与分F_a, F_bの位相だけが変化する。これに応じて、複素平面上でF_a, F_bの回転が起こるが、回転方向はF_aとF_bで逆方向となる（図4.29(b)）。この結果、原子a, bの構造因子が実軸にごく近い場合を別とすれば、構造全体の構造因子F（灰色の太い矢印）の絶対値は大きく変化する。

これに対し、原子a, bが反対称的にずれたとしよう。今度は、a, bの寄与分F_a, F_bが変化する方向は、aとbで同じとなる。複素平面上では、原子aとbの構造因子が同じ方向に回転することになり（図4.29(c)）、構造全体の構造因子Fは、位相は大きく変化するが、絶対値はほとんど変化しない。つまり、中心対称的な構造からの反対称的な小さなずれは位相の大きな変化をもたらすが、$|F_{hkl}|$にほとんど変化を与えないことになる。

対称心の有無や対称心のある構造からのずれの大きさは、強誘電体の結晶構造をはじめとして、物性が関係する問題では非常に知り

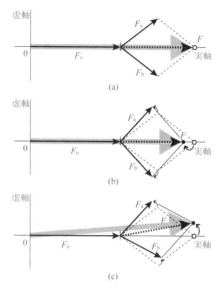

図 4.29 原子 a, b のずれによる構造因子の変化を複素平面上で表した図
複素平面上の点は,原点からの距離が絶対値,実軸からの角度が偏角(=位相)を表し,複素数の和は,原点からその点までのベクトルの和と同じように振る舞う.F_o などの記号は本文参照.(a)ずれる前の構造,(b)対称的にずれた場合,(c)反対称的にずれた場合.

たい,重要な問題であることがしばしばある.しかし,中心対称構造からのずれは,X線構造解析の盲点である.よく見えない部分であるのに,見えないことを意識できないのである.

付　録

付表　結晶点群，ブラベーフロックで分類した空間群
L.C. ラウエクラス，C.P.G. 結晶点群．
*を付した空間群は原点選択がある．
表で太線の区切りは，$|F_{hkl}|$ と $|F_{\bar{h}\bar{k}\bar{l}}|$ がフリーデル則により区別できなくても，$|F_{hkl}|$ の分布と格子・対称要素の方位関係から判別できるグループの境界を示す．

三斜晶系

L.C.	C.P.G.	aP
$\bar{1}$	1	$^1P1$
	$\bar{1}$	$^2P\bar{1}$

単斜晶系

L.C.	C.P.G.	mP	mS
$2/m$	2	$^3P2$ $^4P2_1$	$^5C2$
	m	^6Pm ^7Pc	^8Cm ^9Cc
	$2/m$	$^{10}P2/m$ $^{11}P2_1/m$ $^{13}P2/c$ $^{14}P2_1/c$	$^{12}C2/m$ $^{15}C2/c$

直方晶系

L.C.	C.P.G.	oP	oS	oF	oI
mmm	222	${}^{16}P222$ ${}^{17}P222_1$ ${}^{18}P2_12_12$ ${}^{19}P2_12_12_1$	${}^{20}C222_1$ ${}^{21}C222$	${}^{22}F222$	${}^{23}I222$ ${}^{24}I2_12_12_1$
	$mm2$	${}^{25}Pmm2$ ${}^{26}Pmc2_1$ ${}^{27}Pcc2$ ${}^{28}Pma2$ ${}^{29}Pca2_1$ ${}^{30}Pnc2$ ${}^{31}Pmn2_1$ ${}^{32}Pba2$ ${}^{33}Pna2_1$ ${}^{34}Pnn2$	${}^{35}Cmm2$ ${}^{36}Cmc2_1$ ${}^{37}Ccc2$ ${}^{38}Amm2$ ${}^{39}Aem2$ ${}^{40}Ama2$ ${}^{41}Aea2$	${}^{42}Fmm2$ ${}^{43}Fdd2$	${}^{44}Imm2$ ${}^{45}Iba2$ ${}^{46}Ima2$
	mmm	${}^{47}Pmmm$ ${}^{48}Pnnn\,{*}$ ${}^{49}Pccm$ ${}^{50}Pban\,{*}$ ${}^{51}Pmma$ ${}^{52}Pnna$ ${}^{53}Pmna$ ${}^{54}Pcca$ ${}^{55}Pbam$ ${}^{56}Pccn$ ${}^{57}Pbcm$ ${}^{58}Pnnm$ ${}^{59}Pmmn\,{*}$ ${}^{60}Pbcn$ ${}^{61}Pbca$ ${}^{62}Pnma$	${}^{63}Cmcm$ ${}^{64}Cmce$ ${}^{65}Cmmm$ ${}^{66}Cccm$ ${}^{67}Cmme$ ${}^{68}Ccce\,{*}$	${}^{69}Fmmm$ ${}^{70}Fddd\,{*}$	${}^{71}Immm$ ${}^{72}Ibam$ ${}^{73}Ibca$ ${}^{74}Imma$

正方晶系

L.C.	C.P.G.	tP	tI
4/m	4	$^{75}P4$ $^{76}P4_1$ $^{77}P4_2$ $^{78}P4_3$	$^{79}I4$ $^{80}I4_1$
	$\bar{4}$	$^{81}P\bar{4}$	$^{82}I\bar{4}$
	4/m	$^{83}P4/m$ $^{84}P4_2/m$ $^{85}P4/n*$ $^{86}P4_2/n*$	$^{87}I4/m$ $^{88}I4_1/a*$
4/mmm	422	$^{89}P422$ $^{90}P42_12$ $^{91}P4_122$ $^{92}P4_12_12$ $^{93}P4_222$ $^{94}P4_22_12$ $^{95}P4_322$ $^{96}P4_32_12$	$^{97}I422$ $^{98}I4_122$
	4mm	$^{99}P4mm$ $^{100}P4bm$ $^{101}P4_2cm$ $^{102}P4_2nm$ $^{103}P4cc$ $^{104}P4nc$ $^{105}P4_2mc$ $^{106}P4_2bc$	$^{107}I4mm$ $^{108}I4cm$ $^{109}I4_1md$ $^{110}I4_1cd$
	$\bar{4}2m$	$^{111}P\bar{4}2m$ $^{112}P\bar{4}2c$ $^{113}P\bar{4}2_1m$ $^{114}P\bar{4}2_1c$ $^{115}P\bar{4}m2$ $^{116}P\bar{4}c2$ $^{117}P\bar{4}b2$ $^{118}P\bar{4}n2$	$^{119}I\bar{4}m2$ $^{120}I\bar{4}c2$ $^{121}I\bar{4}2m$ $^{122}I\bar{4}2d$
	4/mmm	$^{123}P4/mmm$ $^{124}P4/mcc$ $^{125}P4/nbm*$ $^{126}P4/nnc*$ $^{127}P4/mbm$ $^{128}P4/mnc$ $^{129}P4/nmm*$ $^{130}P4/ncc*$ $^{131}P4_2/mmc$ $^{132}P4_2/mcm$ $^{133}P4_2/nbc*$ $^{134}P4_2/nnm*$ $^{135}P4_2/mbc$ $^{136}P4_2/mnm$ $^{137}P4_2/nmc*$ $^{138}P4_2/ncm*$	$^{139}I4/mmm$ $^{140}I4/mcm$ $^{141}I4_1/amd*$ $^{142}I4_1/acd*$

立方晶系

L.C.	C.P.G.	cP	cF	cI
m3	23	$^{195}P23$ $^{198}P2_13$	$^{196}F23$	$^{197}I23$ $^{199}I2_13$
	$m\bar{3}$	$^{200}Pm\bar{3}$ $^{201}Pn\bar{3}*$ $^{205}Pa\bar{3}$	$^{202}Fm\bar{3}$ $^{203}Fd\bar{3}*$	$^{204}Im\bar{3}$ $^{206}Ia\bar{3}$
$m\bar{3}m$	432	$^{207}P432$ $^{208}P4_232$ $^{212}P4_332$ $^{213}P4_132$	$^{209}F432$ $^{210}F4_132$	$^{211}I432$ $^{214}I4_132$
	$\bar{4}3m$	$^{215}P\bar{4}3m$ $^{218}P\bar{4}3n$	$^{216}F\bar{4}3m$ $^{219}F\bar{4}3c$	$^{217}I\bar{4}3m$ $^{220}I\bar{4}3d$
	$m\bar{3}m$	$^{221}Pm\bar{3}m$ $^{222}Pn\bar{3}n*$ $^{223}Pm\bar{3}n$ $^{224}Pn\bar{3}m*$	$^{225}Fm\bar{3}m$ $^{226}Fn\bar{3}c$ $^{227}Fd\bar{3}m*$ $^{228}Fd\bar{3}c*$	$^{229}Im\bar{3}m$ $^{230}Ia\bar{3}d$

六方晶系（広義）

L.C.	C.P.G.	hP		hR
$\bar{3}$	3	$^{143}P3$ $^{144}P3_1$ $^{145}P3_2$		$^{146}R3$
	$\bar{3}$	$^{147}P\bar{3}$		$^{148}R\bar{3}$
$\bar{3}m$	32	$^{149}P312$ $^{151}P3_112$ $^{153}P3_212$	$^{150}P321$ $^{152}P3_121$ $^{154}P3_221$	$^{155}R32$
	$3m$	$^{157}P31m$ $^{159}P31c$	$^{156}P3m1$ $^{158}P3c1$	$^{160}R3m$ $^{161}R3c$
	$\bar{3}m$	$^{162}P\bar{3}1m$ $^{163}P\bar{3}1c$	$^{164}P\bar{3}m1$ $^{165}P\bar{3}c1$	$^{166}R\bar{3}m$ $^{167}R\bar{3}c$
$6/m$	6	$^{168}P6$ $^{169}P6_1$ $^{170}P6_5$ $^{171}P6_2$ $^{172}P6_4$ $^{173}P6_3$		
	$\bar{6}$	$^{174}P\bar{6}$		
	$6/m$	$^{175}P6/m$ $^{176}P6_3/m$		
$6/mmm$	622	$^{177}P622$ $^{178}P6_122$ $^{179}P6_522$ $^{180}P6_222$ $^{181}P6_422$ $^{182}P6_322$		
	$6mm$	$^{183}P6mm$ $^{184}P6cc$ $^{185}P6_3cm$ $^{186}P6_3mc$		
	$\bar{6}m2$	$^{187}P\bar{6}m2$ $^{188}P\bar{6}c2$ $^{189}P\bar{6}2m$ $^{190}P\bar{6}2c$		
	$6/mmm$	$^{191}P6/mmm$ $^{192}P6/mcc$ $^{193}P6_3/mcm$ $^{194}P6_3/mmc$		

付 録 *195*

付図　17 平面群

下のモチーフを各平面群の対称操作により配置した図．対称要素の位置も示してあるが，並進対称操作で等価となる対称要素は1つだけ表示した．回転点は正多角形（2はレンズ形）で示した．

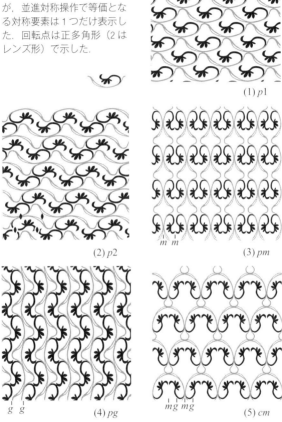

(1) *p*1

(2) *p*2

(3) *pm*

(4) *pg*

(5) *cm*

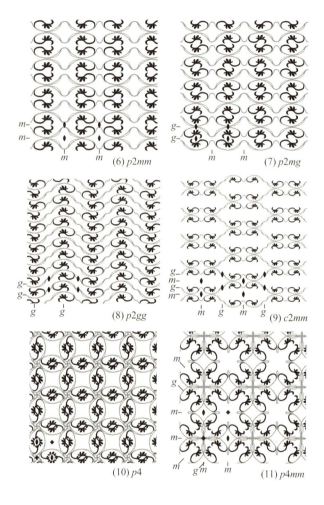

付　録　*197*

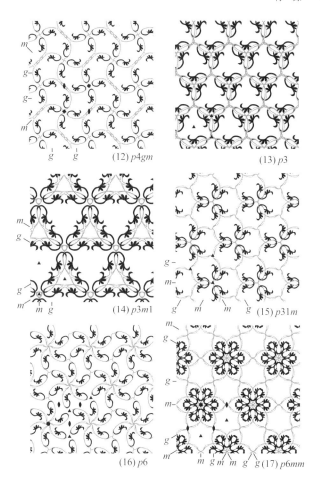

索　引

【欧字】

SHG ……………………………………183
X線吸収断面積 ………………………111

【ア行】

イオン …………………………………93
異常分散 …………………………49, **96**
位相 ………………………………10, **25**
位置ベクトル …………………………**20**

映進 ……………………………………**127**
映進面 …………………………………**128**
　　d―― ………………………………152
　　e―― ………………………………152
　　二重―― …………………………**152**
エヴァルト球 …………………………**41**

重み ……………………………………**110**
温度因子 ………………………………100
　　等方性―― ………………………100

【カ行】

回折
　　――X線 ……………………………**1**
　　――角 ……………………………**31**
　　――強度のばらつき ……………**180**
　　――の指数 ………………………**40**
　　観測可能な―― …………………43
回転軸 …………………………………**122**
回転点 …………………………………**120**
回反軸 …………………………………**124**
ガウス関数 ……………………………**80**

確率分布 ………………………………84
価電子 …………………………………94
完全表記 ………………………………**168**

基底 ……………………………………**20**
基底状態 ………………………………98
逆格子基底ベクトル …………………**38**
逆格子空間 ……………………………39
逆格子視点 ……………………………46
逆格子体積 ……………………………**40**
逆格子定数 ……………………………**40**
逆格子点 ………………………………**41**
吸収 ……………………………………**111**
吸収補正 ………………………………**108**
鏡映 ……………………………………**122**
鏡線 ……………………………………**120**
鏡像体 …………………………………184
鏡面 ……………………………………**122**

空間群 …………………………………**120**
群 ………………………………………**119**

結晶学 …………………………………48
結晶系 …………………………………**134**
結晶格子 ………………………………**5**
結晶格子面 ……………………………**44**
結晶座標系 ……………………………**34**
結晶軸 ……………………………**34**, **137**
結晶点群 ………………………………**158**
結晶面 …………………………………**48**
原子散乱因子 …………………………**91**
原子の古典的半径 ……………………112

原子変位パラメーター
　異方性―― ... **103**
　等方性―― ... **100**
原点選択 ... 176

格子定数 ... **33**
格子点 ... **5**
格子ベクトル ... **3**
構造因子 ... **56**
恒等操作 ... 118
国際記号 ... **159**
個数密度 ... **113**
固有値 ... 106

【サ行】

ザクロ石 ... 117
座標変換 ... **50**
《三角関数》 ... **26**
三斜晶系 ... **138**
三方晶系 ... **139**
散乱ベクトル ... **30**

シェーンフリースの記号 ... 159
遮蔽 ... 92
周期関数 ... 57
主軸（結晶軸の） ... **135**
主軸座標系（原子変位の） ... **102**
小数部 ... **34**
消滅則 ... **151**
　複合格子による―― ... **150**
　見かけの―― ... 179

正弦波 ... **7, 24**
正方晶系 ... **138**
精密化 ... **110**
全球 ... 71
線吸収係数 ... 111

線形空間 ... 20
双対空間 ... 39

【タ行】

第2高調波 ... **183**
対称行列 ... 106
対称軸 ... **135**
対称心 ... **123**
対称操作 ... **2**
《対称操作》 ... **118**
　並進を伴う―― ... **127**
対称面 ... **135**
対称要素 ... **119**
対称要素の列 ... 166
体心格子 ... **146**
体対角線方向 ... 139
ダイヤモンド ... 153
ダイヤモンド構造 ... 176
多重度 ... **174**
畳み込み ... **84**
単位元 ... 119
単位ベクトル ... **22**
単位胞 ... **3**
単位胞体積 ... **33**
単位胞ベクトル ... **3**
単結晶 ... **5**
単斜晶系 ... **138**
短縮表記 ... **168**
単純格子 ... **141, 146**
単純単位胞 ... **4**
単純単位胞ベクトル ... **4**
中心対称性 ... **71**
中性原子 ... 94
直接法 ... 109
直方晶系 ... **138**

底心格子 …………………………… **146**
ディスオーダー …………………… **99**
デカルト座標系 …………………… **22**
デバイ・ワラー因子 ……………… **99**
デルタ関数 ………………………… **88**
点群 …………………………………119
点群対称操作 ……………………… **119**
電磁気学 ……………………………24
電子密度分布 ………………………9

投影 …………………………………22

【ナ行】

内積 ………………………………… **21**
波 ………………………………… 6, 24
　静的な―― ………………………24
　動的な―― ………………………24

ノルム ……………………………… **65**

【ハ行】

波数 ………………………………… **25**
波数空間 …………………………… **39**
波数ベクトル ……………………… **27**
バックグラウンド …………………181
半球 …………………………………71
反射の法則 ………………………… **32**
反転 ………………………………… **123**
標準偏差 …………………………… **81**

フーリエ合成 ………………………109
　フーリエ展開 …………………10, 58
　フーリエ変換 ………………… **56, 78**
不確定性原理 ………………………98
複合格子 …………………………… **141**
ブラッグ視点 ………………………46
ブラッグの回折条件 ……………… **45**

ブラッグの式 ……………………… **45**
フラックパラメーター ……………185
ブラベーブロック ………………… **142**
フリーデル則 ………………………71

並進対称性 ………………………… **2**
平面群 ……………………………… **120**
平面波 ……………………………… **8**
ベクトル …………………………… **19**
ベクトル空間 ………………………20
ベクトル積 ………………………… **37**
ヘルマン・モーガン記号 ………… **159**
変換行列 …………………………… **51**
偏光因子 ……………………………108

法線 …………………………………22

【マ行】

摩擦 …………………………………96

ミラー指数 ………………………… **48**

面心格子 …………………………… **146**

モノクロメーター …………………108

【ヤ行】

ゆらぎ
　異方性の―― ……………………102
　空間的な―― ……………………98
　原子位置の―― ………………80, **98**
　等方的な―― ……………………99

余弦定理 ……………………………21

【ラ行】

ラウエクラス ……………………… **164**
ラウエの回折条件 ………………… **36**
らせん軸 …………………………… **129**

ランベルト・ベールの法則 …………111

立方晶系 …………………………**138**
量子力学 …………………………24
菱面体複合格子 …………………**146**
ローレンツ因子 …………………108

六方晶系 …………………………139
六方晶系（広義） ………………**138**

【ワ行】

ワイコフ位置 ……………………**174**
ワイコフ文字 ……………………**174**

〔著者紹介〕

井本英夫（いもと　ひでお）
1977年　東京大学大学院理学系研究科化学専攻博士課程修了
現　在　宇都宮大学名誉教授，放送大学栃木学習センター所長，理学博士
専　門　無機化学

化学の要点シリーズ　15　*Essentials in Chemistry 15*
無機化合物の構造を決める─X線回折の原理を理解する
Structure Determination of Inorganic Compounds
─Understanding the Principles of X-ray Diffraction

2016年7月10日　初版1刷発行
著　者　井本英夫
編　集　日本化学会　Ⓒ2016
発行者　南條光章
発行所　**共立出版株式会社**
　　　　［URL］　http://www.kyoritsu-pub.co.jp/
　　　　〒112-0006 東京都文京区小日向4-6-19　電話 03-3947-2511（代表）
　　　　振替口座　00110-2-57035
印　刷　藤原印刷
製　本　協栄製本　　　　　　　　　　　　　　　　　　　printed in Japan

検印廃止　　　　　　　　　　　　　　　　　　　　一般社団法人
NDC　433.57, 435.01　　　　　　　　　　　　　　自然科学書協会
ISBN 978-4-320-04420-3　　　　　　　　　　　　　　　　会員

JCOPY ＜出版者著作権管理機構委託出版物＞
本書の無断複製は著作権法上での例外を除き禁じられています．複製される場合は，そのつど事前に，
出版者著作権管理機構（TEL：03-3513-6969，FAX：03-3513-6979，e-mail：info@jcopy.or.jp）の
許諾を得てください．